童话古生物丛书

魔幻中生代

王小娟 著

国家自然科学基金项目（项目批准号：41120003，41290263）
资助出版

科学出版社
北京

内容简介

本书以小主人翁小学生天天在梦中的魔幻之旅为主线,用不同的奇特经历依次介绍了三叠纪、侏罗纪和白垩纪的爬行动物"龙"和鸟类、哺乳动物等脊椎动物,其中绝大多数相关动物的化石产自我国。本书讲述的知识除了恐龙的演化和辐射外,还涉及海生爬行动物、鸟类和早期哺乳动物的重要类群和演化等。

本书可作为2~6年级儿童的科普读物,也可作为亲子读物。

图书在版编目(CIP)数据

魔幻中生代/王小娟著.—北京:科学出版社,2014.6
(童话古生物丛书)
ISBN 978-7-03-040659-0

Ⅰ.①魔… Ⅱ.①王… Ⅲ.①古生物学-少儿读物 Ⅳ.①Q91-49

中国版本图书馆CIP数据核字(2014)第100880号

责任编辑:周 丹 张 洁/责任校对:朱光兰
责任印制:肖 兴/封面设计:许 瑞/插画设计:陈 曦

科 学 出 版 社 出版
北京东黄城根北街16号
邮政编码:100717
http://www.sciencep.com

北京世汉凌云印制有限公司 印刷

科学出版社发行 各地新华书店经销

*

2014年6月第 一 版 开本:787×1092 1/16
2014年6月第一次印刷 印张:7 3/4
字数:100 000

定价:29.80元
(如有印装质量问题,我社负责调换)

序 一

中国改革开放的总设计师邓小平先生几十年前说过的一句话"足球要从娃娃抓起",至今仍广为流传。我想国民科学素养的提升以及对自然科学爱好的培养,又何尝不是如此呢?

我一直惊讶许多儿童能够如数家珍似的,一口气说出几十个甚至上百个有名的恐龙或其他化石的名称。要知道这对我们这些靠研究化石为生的专业古生物学家来说,也常常不是一件容易的事情。这听起来似乎有悖常理。不过,如果你到古生物博物馆去稍加留意,你就不难发现其中的端倪,因为看得最着迷、想到问题最多的往往是孩子们。他们天性纯真,充满了对未知和远古的想象。而且更加重要的是,童年的兴趣和印象往往影响一个人的一生。

化石,特别是恐龙化石一直令无数的人着迷,而且常常是自然博物馆最受欢迎的部分。当伟大的科学家达尔文1858年发表《物种起源》的时候,化石还算不上丰富,但仍然成为当时支持生物演化学说的主要证据之一。如今,一个半世纪以后,古生物学家们取得了许许多多堪称伟大的发现,它们不仅为达尔文的宏伟学说增添了无可辩驳的证据,而且记载了三十多亿年来生命演化过程中一个个动人的故事,描绘了生命之树穿越时空隧道,蓬勃生长的宏伟和壮丽景象。

令人高兴的是,中国近30年来化石的神奇发现为全球古生物学研究带来了最大的惊喜。百年不遇的化石宝库一个个从华夏大地孕育而生,从5亿多年的澄江生物群,到2亿多年的关岭动物群,再到1亿多年的燕辽生物群和热河生物群,再至3千万年以来的和政生物群。这些发现和研究频繁发表于世界顶级的学术刊物,被世界各国的媒体广为传播。中国发现的恐龙化石的种类已经超过了美国,成为世界第一。

中国古生物学家历来有重视普及科学知识的良好传统。近年来的科普佳作也不少见,然而专门针对少年儿童的却可谓凤毛麟角。科学出版社推出"童话古生物"系列少儿科普书,我感到由衷的高兴。该系列图书的主要作者王小娟博士,是中国科学院南京地质古生物研究所的副研究员、《古生物学报》的编辑。她之前出版的古生物少儿科普书已经在小读者中建立了很好的口碑,加上她自己还是一位幼儿园小朋友的妈妈,所以她的书无论是语言风格还是故事情节都很受小朋友的喜爱。

书中故事里面描绘了大量中国以及世界其他地区发现的明星级的史前生物，例如，震旦角石、石燕贝、王冠虫、盔甲鱼、龙鱼、笠头螈、幻龙、贵州龙、霸王龙、甲龙、梁龙、马门溪龙、永川龙、禄丰龙、蜀龙、沱江龙、双脊龙、风神翼龙、准噶尔翼龙、水龙兽、三趾马、巨犀、雷兽、多瘤齿兽、爪兽、南方古猿、北京猿人、山顶洞人等等。值得一提的是，书中还出现了不少最近一些年才问世的中国化石，譬如，小春虫、八臂仙母虫、微网虫、鬼鱼、中国螈、混鱼龙、恐头龙、中国豆齿龙、半甲齿龟、中华龙鸟、小盗龙、帝龙、热河鸟、森林翼龙、辽宁翼龙、巨爬兽、德氏猴等。这些新的化石每一个都蕴藏着一段真实的历史和精彩的故事。我们有理由相信，它们中不少成员已经或迟早会成为世界级的明星。如果通过阅读"童话古生物"，能让中国的孩子们在了解世界各地化石明星的同时，记住更多中国的化石，那何尝不是一件美事？

在一个个明星化石粉墨登场的同时，作者也没有忘记介绍它们生活的时代和环境的背景。从生命大发展的寒武纪，到恐龙盛行的侏罗纪、白垩纪，再到哺乳动物大发展的新生代，最后是我们人类家族的闪耀登场。当然，生物有繁盛，也必然伴随衰败，甚至是生物的大灭绝，然后是新的繁盛，如此周而复始。当你真正理解了生物演化和环境的变迁息息相关，或许能够更加懂得善待我们赖以生存的环境，保护好我们共同的家园。

描绘这样一个个全景的史前生命的世界，难免不出一点差错，细心的小朋友也许能自己从中发现出一些问题来。当然，还有更多明星级的化石没在这次出版的书中展现。对远古的探索是永无止境的，古生物学家还在不断地发现一些新的未知的物种，相信我们的小读者们在读完了本书后还会继续期待"童话古生物"系列不断推陈出新，讲述更多更加动人的生命的故事。

中国科学院院士
美国科学院院士
中国科学院古脊椎动物与古人类研究所所长

序　　二

　　有些事情看起来容易但真正做起来很难，写作可读性和趣味性强的科普书就是这样的。通过古生物化石向公众讲解地球生命起源和演化的历史是各国科普的热点，然而能完整、系统讲述这段漫长历史并且吸引公众尤其是青少年的作品却不多。所以，尽管王小娟多年前已出版过《两粒沙》，获得了好评，但这次《童话古生物》系列书还是让我眼睛为之一亮，孩子们可以从生命诞生的源头开始，沿着生命演化的地质历史长河，系统观看地球生命起源和演化的历史。

　　王小娟通过攻读硕士和博士学位，为自己打下了较坚实的古生物学基础；她刻苦勤奋，在完成本职工作的同时，还撰写科普书和一些科普专栏；她性格活泼，说话常有"鲜"词，写出的科普作品趣味盎然；她懂得扬长避短，在知识储备还不够时，创造性地以童话的形式给孩子们写科普，而没走通常大师们才能写好的高端科普之路。这些，让她创作了这套《童话古生物》。

　　当然，花儿能开是因为有滋养她的土壤。王小娟拥有极其优越的创作科普论著的学术环境：中国科学院南京地质古生物研究所有众多优秀的古生物学专家，做出了大量具国际影响的学术成果，王小娟的科普写作得到了包括院士在内的科研人员的热情支持，甚至还得到了兄弟单位中国科学院古脊椎与古人类研究所同行的帮助。

　　作为王小娟的博士生导师，我虽然因她没有继续深入学术研究而觉得遗憾，但更为她能写出有特色的科普书而感到欣慰。据我所知，《童话古生物》系列书中除了这次出版的4册书外，还有其他的介绍我国著名化石宝库如热河生物群等的计划，希望读者们能喜欢她用心写的有趣又不乏科学性的故事。

中国科学院南京地质古生物研究所副所长

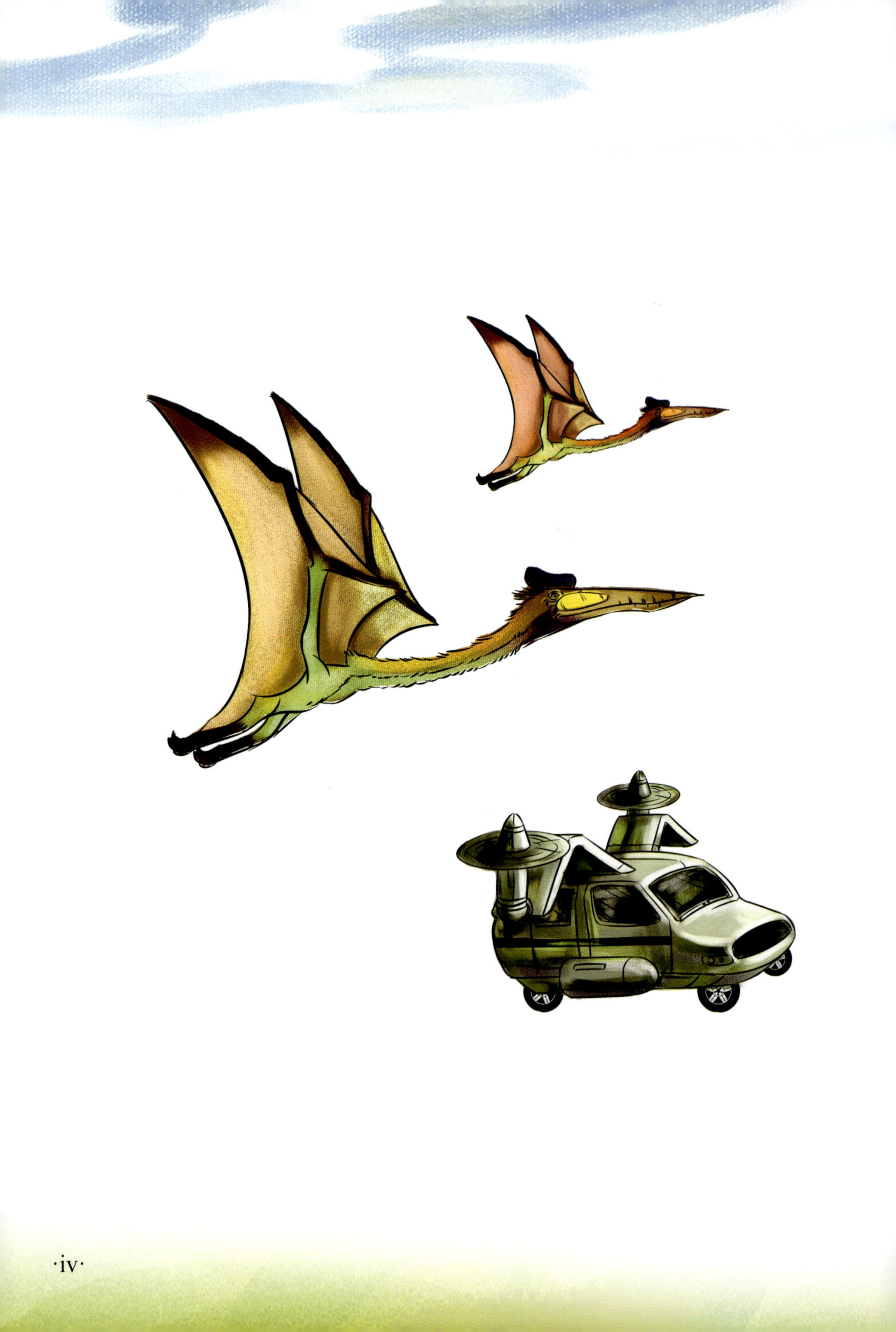

目　　录

序一
序二

一	三叠龙图	1
二	魔法	4
三	长脖子的恐头龙	6
四	混鱼龙的"秘密"	9
五	幻龙天天的恶作剧	12
六	贵州龙动物群	14
七	像龙的鱼	16
八	变大	18
九	连连变	20
十	和萨斯特鱼龙一起玩	23
十一	黔鱼龙的游戏	26
十二	奇特的豆齿龙	29
十三	没有背壳的半甲齿龟	32
十四	倒霉的安顺龙	35
十五	三叠纪的恐龙	38
十六	魔法手机	42
十七	双脊龙的诡计	43
十八	盐都龙不挑嘴	47

十九	三种植食恐龙	50
二十	气龙的捕食方案	54
二十一	馋嘴的四川龙	57
二十二	长剑板的沱江龙	61
二十三	智斗永川龙	64
二十四	侏罗纪的海生爬行动物	69
二十五	梁龙群中遇险	70
二十六	跃龙PK雷龙	74
二十七	空间转换器	78
二十八	中华龙鸟导游	81
二十九	想飞的长毛恐龙	83
三十	做贼的爬兽	85
三十一	小盗龙导游	87
三十二	迷路的准噶尔翼龙	91
三十三	"不讲理"的辽宁翼龙	93
三十四	鸟之歌舞	95
三十五	世上最小的翼龙	97
三十六	造假？	100
三十七	火山爆发？	103
三十八	龙口逃生	104
三十九	汽车解说员	109
四十	与霸王龙赛跑	112

一　三叠龙图

第二天，天天跟苏菲到博物馆时，芊芊和舅妈已经在门口等他们了。打过招呼后，舅妈就办自己的事去了。

博物馆的开门时间还没到，苏菲带着两个孩子从侧门去三楼的办公区。经过监控室时，他们看到门开着，里面有位老先生正在办公桌前整理资料。

"贾老师早！"苏菲打招呼。

"贾爷爷！"天天跑到老先生身边。

"哎呀，天天，来看新展览的吧。"贾老师笑眯眯地摸摸天天的头。

"还有我表妹芊芊。"天天指指门口的芊芊。

"材料都准备好了吗？"贾老师问苏菲。

"U盘在我办公室，我现在就去拿，怕丢了，都没敢带回家。"苏菲看看天天，"你……"

"我在这待会儿。"天天赶紧说。

"你也进来吧。"贾老师向芊芊招手。芊芊迟疑了一下，走进办公室，红着脸轻声说了句，"贾爷爷早。"

"贾爷爷，现在几点了？"天天问。

"八点半。"

"哎呀，还有半个小时才能看展览，太郁闷了！"天天抱怨道，"贾爷爷，您这儿有没有什么好玩的？"

"好玩的？"贾老师摇摇头，"那可没有，我这儿只有很好玩的！"

"什么呀？"天天来劲了。

"3D龙图！"贾老师说。

"什么图？"天天没明白贾老师的话。

"你们知道'龙'在古生物译名中指的是爬行动物，而不是特指恐龙吗？"贾老师问。

"知道，还有翼龙和鱼龙，等等！"天天加重语气说。

"知道中生代的第一个纪吗？"贾老师问。

"三叠纪，之前是古生代的最后一个纪二叠纪。"天天卖弄多答了一句。

"与二叠纪相比，三叠纪海洋动物有很大的变化，比如六射珊瑚取代了四射珊瑚，腕足动物家族没落但双壳类却兴起了，菊石的结构比它们的祖先复杂了，不过最令人瞩目的，是爬行动物的兴盛。"贾老师点开电脑桌面上一个名为"三叠纪"的文件夹，里面又有两个文件夹，一个名为"3D龙图"，另一个名为"早三叠世爬行动物资料图片"。

"先看看普通复原图，好有个比较。"贾老师点开"早三叠世爬行动物资料图片"，双击第一张图片。

"这是湖北鳄，我国早三叠世海生爬行动物的代表。"贾老师指着那张复原图介绍说，"看出它的特别之处了吗？身体呈侧扁的纺锤形、四肢呈鳍状。"

"看起来不像鳄鱼，倒有些像鱼龙，嗯……尤其嘴巴像。"天天说。

"你说得对，它是鱼龙类最近的亲戚。"贾老师说着又换了一张图片，"这是早三叠世的巢湖鱼龙，体形更接近蜥蜴。"

"看起来还不如湖北鳄像鱼龙呢！"天天插嘴道。

"是啊，现在我们来看3D图吧。"贾老师打开"3D龙图"的文件夹，里面有4个图文件。贾老师双击第1张图片。

这张图色彩比较亮丽，蓝色的海水中有4个爬行动物和几条小鱼，栩栩如生，呼之欲出。

"真是3D的！这是鱼龙！"天天指着左上角的一个鱼形动物惊叹道。

"对，这是混鱼龙。"贾老师解释道。

"我最喜欢鱼龙了，它们的样子比上龙、蛇颈龙什么的要好看多了。"天天指着图下部中间的一个细长脖子的动物问，"这是什么呀？好怪的长脖子！"

"东方恐头龙。"贾老师答道。

"那这个呢？"芊芊指着东方恐头龙上方，一个身体较短的动物问。

"这是小吻幻龙。对了，你们是不是觉得这样看图没意思？"贾老师问。

"是没意思！"天天立即叫起来。

"我觉得……还行。"芊芊答道。

二　魔法

"想试试……魔法吗？"贾老师犹豫了一下问。

"魔法？是不是像《纳尼亚》？"天天不解。

"不是，你们知道《石中剑》吗？"贾老师又问。

"您说的是动画片《石中剑》吗？"天天问，见贾老师点头，便说，"我看过好几遍呢。"

"里面有个魔法师叫莫林，记得吗？"

"记得记得，他是个漫不经心、还爱唠叨的老糊涂，但魔法超强，最后斗败了黑魔法师敏夫人。"

"你看得很用心呀，莫林怎么教沃特游泳、跳跃和飞行的？"

"他把沃特变成小鱼、松鼠和麻雀。"

"你小子记性真的很棒呀！"

"我妈说我学习时要是也有这么好的记性，她做梦都要笑醒了，呵呵。"

"如果有莫林那样的老师，你可能会成为天才哦！现在我想像莫林那样教你认识这张图上的龙，怎么样？"

"您会魔法？能把我变成书中的龙？这怎么可能呢？"

"我也在魔法学校学过，还是哈利波特的学长呢！"

"您有魔法棒吗？"

"有啊！"贾老师从抽屉里拿出一个银色的金属壳手机，取出其中的细金属笔，挥了两下，就变成筷子大小的棒了，"要不要试试看？"

"天呀！我以为只有魔幻小说和动画片里才有魔法学校和魔法棒。我要学魔法，肯定比学习知识有前途。"

"你忘了《石中剑》里面莫林是用什么斗败敏夫人的？知识和智慧！不学习怎么会有呢！"贾老师说完，用魔棒指着屏幕上的贵州龙念叨了两句，贵州龙便游了起来。

"哇噻，太神了！"天天惊得眼珠都要出眶了。

贾老师又用魔棒指指幻龙，幻龙也开始活动了。

"您真能把我变成贵州龙……或者幻龙吗？"天天异常激动。

"或者东方恐头龙，还有混鱼龙，它们都是同时代的海生爬行动物。"

天天比较了一下图中的四种爬行动物，发现东方恐头龙比幻龙要长些，但东方恐头龙的细脖子比身体长好多，好像很容易断的样子，不如幻龙体型壮实，便说，"那，我想变成幻龙，行吗？"

"当然可以，你呢？"贾老师问芊芊。

"我？我可不敢，我……"芊芊紧张得语无伦次。

"您就让我一个人变好了！"天天央求道。

"好吧，要不芊芊就先旁观吧，我们可以看3D的现场直播。对了，先把门关上！"只见贾老师手一挥，监控室的门就关上了。

"哎呀，您的魔法真强呀！"天天赞道。

"我用的是遥控器，不是魔法！"贾老师解释完后，用魔棒指着天天念叨了几句，天天倏地闪到电脑的显示屏中。

三 长脖子的恐头龙

现在，天天变成的幻龙正摆动着长而灵活的颈部悠然游在海水中，一群鱼从他面前游过，他立即用尖牙咬住一条小鱼，并迅速将它吞到肚子里。

"天呀！我刚才吃下一条鱼！我到底干了什么？"幻龙天天突

然意识到自己生吃了一条鱼，觉得很恶心，痛苦地乱蹬着四足，翻过来又游过去，想把那条鱼吐出来。

就在幻龙天天胡乱折腾时，一只东方恐头龙悄无声息地游了过来，它谨慎地划动四条腿，慢慢地靠近鱼群，越游越近，突然以迅雷不及掩耳的速度伸长脖子，将一条鱼吸入口中。

直到东方恐头龙从容地将鱼吃完，幻龙天天才发现这个有近2米长的细长脖子，身体却只有约1米长的"怪物"。

"东方恐头龙！"幻龙天天激动地大叫。

"世界上最著名的爬行动物！"东方恐头龙骄傲地补充说，"你知道吗？在陆地上奔走的四足动物很多，在水里游泳的鱼形动物也很多，但像我这样会在水中跑的四条腿动物却不多！"

"世界上最著名的爬行动物是恐龙！"幻龙天天纠正道。

"是恐头龙！不是什么恐龙！"东方恐头龙急得叫了起来。

"你的头这么小，叫恐头龙不合适呀。"幻龙天天故意说。

"我的头虽然小，嘴里却长着可怕的利齿，我能悄悄潜行，让猎物感觉不到我的行动，然后猛地将鱼类、乌贼等吸进嘴里，并用

牙齿挡住，他们根本逃不掉。"东方恐头龙龇着牙问，"怎么样？我这个杀手还挺冷的吧？"

"嗯！"幻龙天天点点头说，"跟蛇挺像。哎呀，如果没有身体的话，看起来真像一条粗蛇……"

"跟谁像？"东方恐头龙问。

"蛇，也是爬行动物。"幻龙天天不知道最早的蛇类要到早白垩世才出现，便反问了一句，"你不知道吗？"

"爬行动物？除了我们东方恐头龙外，我只见过鱼龙和你们鳍龙家族的成员。"东方恐头龙答道。

"鳍龙家族？"幻龙天天突然很想看看自己变成了什么样子。

四 混鱼龙的"秘密"

"对了,到水面上就可以照镜子了。"幻龙天天立即游到水面上,将脑袋伸出去换了口气,顺便对着水面做了个鬼脸,却被自己的倒影吓了一跳,"哟,怎么这么丑呀!"

幻龙天天有些沮丧地回到水中,发现东方恐头龙已经游走了,只好漫无目的地慢慢向水深处游去,不一会儿便遇见了一只混鱼龙。

这只混鱼龙体长超过1米,有着蜥蜴似的体型和桨状的四肢,嘴巴长而尖,上下颌长着锥状的牙齿,整个头看着呈三角形,头两侧有一对大而圆的眼睛。

"你是混鱼龙吗?"幻龙天天赶忙问道。

"是的。"混鱼龙答道。

"我喜欢你。"幻龙天天说。

"我也喜欢我自己!"混鱼龙毫不客气地说,"不过你别跟我套近乎,我可不想上幻龙的当。"

"其实我是人类,是用魔法变成幻龙的。"幻龙天天解释说。

"什么类?根本没听说过!"混鱼龙瞪大大眼睛。

"人类是最高等的动物,生活在陆地上,用两只脚走路。"

"你用两只脚做个走路的姿势试试?"混鱼龙翻了翻大眼睛不屑地说,"别忽悠了,我们的祖先原来就生活在陆地上,用两只脚走路的陆生动物能高等到哪里去呀?"

幻龙天天绞尽脑汁，觉得实在想不出什么好的解释。

"我真不明白，做鱼好好的，干吗要折腾演变成两栖动物再到爬行动物？你看我们，身体的内部构造和生理特点仍保留着爬行动物的特征，要用肺呼吸多麻烦呀，遇到天敌堵截换不了气，真是急死了！"混鱼龙报怨道。

幻龙天天突然想到龟鳖等有脚的爬行动物都是在岸上生蛋的，便问混鱼龙，"有一点我不明白，你们怎么回到岸上生蛋呢？"

"喂，我们鱼龙是卵胎生的，这可不是秘密！"

"卵胎生是什么意思？"

"哎呀，你看鱼是卵生的，生出来的是小小的卵，还得长一阵

子才能变成鱼样。卵生的爬行动物要跑到岸上去生蛋，后代从蛋壳里出来后再回到水里。鱼龙不能爬到陆上，就采用卵胎生的办法，一生下来就有鱼龙的样子，能够自己游泳。听明白了吗？"

"小鱼龙也是用肺呼吸吗？"幻龙天天问。

"当然！我们混鱼龙的尾部先从妈妈的肚子中出来，出生后很快就要浮出水面吸气，如果头部先出来的话，那就是难产，很可能会死的。"混鱼龙解释。

这时，游来一群混鱼龙，大声叫道，"去深海了！"

"对了，是时候了，该回到深海了。"混鱼龙自言自语道。

"去深海？"幻龙天天不解地问。

"是啊，你没看出我们眼睛超大么？很适合在深海追捕猎物呢！"混鱼龙眨巴眨巴大眼睛自豪地说。

"那现在我们是在浅海吗？"幻龙天天又问。

"你怎么尽问些弱智的问题呀！唉——"混鱼龙叹了口气说，"我们出生在浅海区，长大后才回到深海，知道为什么吗？"

"不知道。"幻龙天天老老实实地回答。

"我就知道你不知道！鱼龙妈妈生完孩子后必须回到深海，新生的小鱼龙捕食能力不强，而浅海有大片珊瑚礁和海藻丛，食物丰富，并且珊瑚礁中的洞穴和通道能保护小鱼龙。"混鱼龙边说边游向混鱼龙群，"还有就是，在浅海区换气也方便啦！"

五 幻龙天天的恶作剧

混鱼龙们很快便游走了,幻龙天天见东方恐头龙也没回来,便继续漫无目的地转悠着,不一会儿,就遇上了一只身长约2米,比自己体型略大的幻龙。

"是幻龙吗,你好啊!"幻龙天天兴奋地叫起来。

"嗨,兄弟,这话听起来真别扭,有你这样跟同类打招呼的吗?"大幻龙问。

"其实我不是……"幻龙天天意识到很难解释清楚自己的真实身份,干脆不再说话,而是细细打量着体型细长、头小而扁平、满嘴利齿的长脖子"同类"。

"你……干啥呢?"大幻龙被幻龙天天盯得很不自在,"不是同性恋吧?告诉你,我对同性没兴趣。"

"你误会了!"幻龙天天赶紧解释,"我只是在想,幻龙,我们幻龙是不是这一带最厉害的爬行动物。"

"说话留点神!"大幻龙紧张地四处张望,"别给黔鳄听见了,他们可是水陆两生的可怕杀手!"

"哦?贾爷爷的龙图上好像没有黔鳄呀。"幻龙天天寻思着,忽然想到一个恶作剧,大叫"黔鳄来了!"

"啊!"大幻龙惊叫一声,全力加速游起来。

"哈哈,哈哈!"幻龙天天忍不住大笑。

"嘿,说谎话是不会有好结果的!"大幻龙听到幻龙天天的笑

声，放慢速度嚷了一句，又尖叫起来，"哎呀！真来了！"

只见一个体长超过3米的大型动物摆动着大尾巴迅速游近，很快幻龙天天便看到了它边缘带有锯齿的匕首牙。

"哎呀！早知道我就变成这个怪物了，现在可惨了。"幻龙天天正惊恐万分地寻思着，见黔鳄扑了过来，忙使出全身的力气逃命。

六 贵州龙动物群

"别叫了！别叫了！"

天天发现自己突然回到监控室，赶紧停住了惊叫和手挥足蹬。

"哎呀，吓死我了！"天天忍不住在心口拍了又拍。

"我刚才也看得紧张死了。"芊芊说。

"不过，我真的学到了知识，卵胎生！鱼龙是卵胎生的！"天天见安全了，又神气起来。

"这有什么，3亿年前的鱼类就有胎生的了。"贾老师扬着眉耸耸肩。

"天哪！"天天翻着眼睛做出要晕倒状。

"好了，咱们继续看吧。"贾老师点开第2张图，"这是贵州龙动物群的复原图，不过这里的鱼好像更多一些。"

"这是什么鱼？"天天指着一个身体呈流线型、被着细密鳞片的鱼问。

"贵州鳕鱼，一种全长可达近一米的原始辐鳍鱼，它的牙齿呈尖锥形，胸鳍宽大，尾鳍叉裂深，是快速游泳的肉食性鱼。"贾老师解释道。

"这两个是一样的动物吗？"芊芊指着图中的两个同类动物问。

"对，都是胡氏贵州龙。"贾老师答道，"胡氏贵州龙是三叠纪上扬子海域中个体最小的爬行动物，三四十厘米的就算个头大的。早三叠世的远安贵州龙要大些，大概六七十厘米的样子。"

"这好像是幻龙。"天天指着图中最大的动物说。

"对，这是杨氏幻龙，跟你刚才所变的不是同一个种，个头也小些，要不要再变一次？"贾老师笑着问。

"算了算了！"天天连连摇头。

"那我们就看下一张吧。"贾老师打算换到下一张。

"贾爷爷，"芊芊涨红了脸，"能不能让我试试？"

"你？不怕危险？"天天瞪大眼睛说，"别指望我陪你！"

"行吗？"芊芊问贾老师。

"当然没问题，你想变成什么呢？"贾老师问。

"随便。"芊芊答道。

"那就把你变成可爱的贵州龙吧。"贾老师挥动魔棒，将芊芊变到图中。

芊芊被变成一只身长还不到30厘米，小脑袋、长脖子、身体宽扁、尾巴细长的贵州龙，她慢慢地用桨状的前肢对称划着水，身体侧向波动向前游了一会儿，碰上一群糠虾正在集会。

七 像龙的鱼

这群糠虾大多只有两三厘米那么长。

"贵州龙！快跑！"一只糠虾发现贵州龙芊芊，大叫起来。

糠虾群一哄而散。发现贵州龙芊芊的糠虾眼睁睁地看着同类们全跑光了，气势汹汹地冲贵州龙芊芊挥动着两只螯肢。

贵州龙芊芊见状便往糠虾跟前游去，糠虾见贵州龙芊芊没被镇住，赶紧收起螯肢，边叫着"下次别让我再碰到你"，边赶紧溜了。

很快，一条身长近1米，吻部极端前突、体型细长、身体裸露、尾鳍对称的龙鱼游了过来。

贵州龙芊芊不认识龙鱼，还以为对方是体型长的鱼龙，便大声打招呼，"你好啊，鱼龙！"

"嗯？"龙鱼愣住了，"你叫我鱼龙吗？"

"是啊！"贵州龙芊芊意识到可能搞错了，便说，"难道不是吗？你的样子和鱼龙很像呀。"

"竟然有智商这么低的贵州龙，连我是龙鱼都不知道！都说爬行动物比我们鱼类和两栖动物高级，我猜你一定是爬行动物中的笨蛋。哈哈——"龙鱼笑得浑身都抖了起来。

"其实我是人类。"贵州龙芊芊赶紧说明真相。

"什么？"龙鱼没听明白贵州龙芊芊的话。

"人类属于哺乳动物，比爬行动物还要高级一些。"贵州龙芊芊耐心地说。

"什么！"龙鱼惊叫着游进身旁的海藻丛，"比爬行动物还要高级？怎么回事呀！噢，我明白了，你不是笨蛋，而是个疯子！不过，疯子和笨蛋有什么区别呢，最好都不要搭理！"

这时，几条和蜡笔差不多长的肋鳞鱼游近海藻丛，龙鱼倏地蹿出来，迅速地将一条肋鳞鱼吞了下去。

"你的动作可真快！"贵州龙芊芊赞道。

贵州龙芊芊的夸奖让龙鱼很受用，它诚恳地说，"我们龙鱼有快速启动与伏击捕食的能力，而且我们用鳃呼吸，不像你们要到水面上去换气，所以我是鱼，不是龙。"

龙鱼的提醒让贵州龙芊芊突然觉得有些憋气了，赶紧游到水面上去吸气。

八 变大

贵州龙芊芊换完气，刚回到水里，便碰上一只体长约1米的幻龙。

"嘿，你挡我的路了，我要吃掉你！"幻龙恶狠狠地冲她叫道。

"奇怪，到处都是海水，哪里有什么路呢？"贵州龙芊芊挪动着身体，四下看看，疑惑地问道。

"对了，你是昨天撞我的那只贵州龙。"幻龙又大叫道。

"怎么会呢？我刚到海里来！"贵州龙芊芊紧张地说。

"那就是你的亲戚干的，反正你们都是贵州龙。"幻龙说完张嘴冲向贵州龙芊芊，突然它惊叫一声，张大着嘴停住了。

"你，你怎么，突然就变大了？"幻龙惊魂未定地合上嘴，尖利的前颌齿和下颌齿相互交错咬合，看着很可怕。

贵州龙芊芊一下就想到肯定是贾爷爷在帮助自己，放下心来，轻松地对幻龙开玩笑说，"我是会变来变去的神仙，你信吗？"

"信！不过，"幻龙眼珠一转说，"你能把自己变小吗？"

"小到能让你吞下我，是吗？"贵州龙芊芊一下就看穿了幻龙的鬼主意。

"你真聪明，现在我相信你是神仙了。"幻龙悻悻地游走了。

被幻龙一折腾，贵州龙芊芊觉得有些累，决定稍息一会儿，便小心翼翼地向岸边的礁石上游去。

借助四肢上的趾爪，贵州龙芊芊像鳄鱼一样匍匐爬到一块大礁石的顶上，惬意地眯眼晒起了太阳。

"找到了！找到了！"

突然，一群贵州龙围过来大声嚷嚷。

贵州龙芊芊紧张而又惊奇地看着自己的"同类"，发现它们的脑袋很小，大约占身体全长的十分之一。

一只前肢比后肢更长且更强壮的成年贵州龙爬到芊芊跟前，俯首说，"您好，首领！"

"首领？你认错人了吧？"贵州龙芊芊大吃一惊。

"您就是我们寻找的女王。刚才我们商议，谁是我们见到的位置最高的贵州龙，谁就做我们的首领。真是幸运呀，等您长大了，一定会成为最大的贵州龙，完全可以保护我们。"成年贵州龙解释道。

"可我不是真正的贵州龙，我是人！"贵州龙芊芊强调说。

"别逗了，我可不会上当！"成年贵州龙大声叫道，"请您做我们的首领吧！"

"请您做我们的首领吧！"群龙俯首高呼。

"哎呀，贾爷爷，救救我吧！"芊芊急得大喊……

九 连连变

芊芊一回到办公室,天天就挤眉弄眼地怪叫,"贵州龙首领!"

"继续看吗?"贾老师笑着问。

"当然了!"天天边说边自己动手打开下一张3D龙图。

挤在这张图中的动物特别多,有高高的海百合、大个儿的萨斯特鱼龙、小个儿的黔鱼龙、短颈的新铺龙、长脖子的安顺龙……

"这是关岭动物群的复原图。"贾老师介绍道。

"贾爷爷,这次我能不能见谁变谁?"天天问。

"什么意思?我不明白。"贾老师说。

"比如我遇到这种小鱼龙,"天天指着黔鱼龙说,"您就把我变成这种鱼龙。如果遇到这种大鱼龙,"天天又指着萨斯特鱼龙,"您就把我变成这种鱼龙。总之,我要变成安全的动物。"

"明白了,这可有点难度哦,不过我可以给你试试。"贾老师说。

"那就开始吧,我都等不及了!"天天开心地跳起来。

"你呢?"贾老师问芊芊。

"我……"芊芊犹豫了一下说,"还是算了吧。"

"谢谢了!"天天笑着向芊芊作了个揖,"有女生跟着一准儿少不了麻烦!"

于是贾老师挥动魔棒将天天变到图中。

"嗨!你怎么像鬼一样,突然就出现了,吓我一跳!"一个粗

菊石嚷道。

"哎哟，怎么遇上你了！"天天发现自己变成了一个粗菊石，丧气地嘀咕道，"真是活倒霉！"

一只海燕蛤（双壳类）从天天身边经过，天天又变成了海燕蛤。

"鬼！魔鬼呀！"粗菊石看到天天变身，吓得没命地逃窜，一不小心撞上了海燕蛤。

"嗨，你撞我了！连声对不起都不说，真没礼貌！"海燕蛤没有注意到天天的变化，不满地对粗菊石嚷道。

"别讲礼貌了，赶紧溜吧，我们撞上鬼了！"粗菊石慌乱地避让海燕蛤，没留神又游近了天天。

"我看说你是冒失鬼，一点都不冤枉你！"海燕蛤正不屑地批评着粗菊石，发现自己的"同类"瞬间变成了粗菊石，惊得大叫，"天呀！真有鬼呀！"

"嗨，别跑呀，我是人，不是鬼！"天天气得在水里不停地晃悠。

"哟，满嘴疯话，还是个疯鬼！"海燕蛤尖叫着拼命地游走了。

粗菊石也赶紧跟着逃走，却不幸被一只体长约6米、头长就有1米的萨斯特鱼龙用锥状的牙齿咬住。萨斯特鱼龙身体圆润细长，尾巴像鳗鱼一样是直的。

"救命啊！"粗菊石惨叫。

萨斯特鱼龙衔着粗菊石向天天游来。天天见状慌得想撒腿就跑，却发现自己既没有腿也没有鳍，根本没法划水，只能通过喷水向与头相反的方向"后退"。

十 和萨斯特鱼龙一起玩

眼看萨斯特鱼龙离天天越来越近。

"哎呀！这下可惨了！"天天急得一下子没了主意，干脆浮在水中不动了。

"喂！你怎么变成我的同类了？"萨斯特鱼龙大声冲天天叫道，"我是不是见鬼了！到底怎么回事呀！"

"你……你怎么……又变成鱼龙了！"粗菊石惊得没有注意到萨斯特鱼龙已放开了自己，也忘了逃跑。

"哈哈，太棒了！真有趣！"天天发现自己变成了萨斯特鱼龙，兴奋地翻了好几个身。

"嗨，朋友，你不知道菊石的壳咬不动吗？我们一起玩游戏吧。"天天对萨斯特鱼龙说。

萨斯特鱼龙立即用长而尖的嘴巴把粗菊石拨弄给天天，"好啊，就玩这个菊石好了！"

"好啊。"天天刚想用长嘴将粗菊石拨回给萨斯特鱼龙，谁知道自己却又变成了粗菊石。

萨斯特鱼龙看着两个粗菊石，傻眼了。

这时一只体型较大的萨斯特鱼龙恰好游近天天，于是天天又变成了萨斯特鱼龙。

"咱俩来玩菊石吧！"早来的萨斯特鱼龙高兴地邀请体型较大的同类。

两只萨斯特鱼龙开始来来回回地折腾粗菊石，因为怕再变成粗菊石，天天只得在一旁着急地看着两只萨斯特鱼龙边玩边兴奋地大叫。

"哎呀，求求你们……干脆把我给吃了，不要……再折磨我了！"粗菊石有气无力地哀求道。

"不行！"体型较大的萨斯特鱼龙立即翻着大眼睛答道，随后又招呼天天，"我要去换气了，你来换我玩吧，超刺激的！"

体型较大的萨斯特鱼龙边往水面上游，边头也不回地说，"你们把这个菊石看好了，回头我再来跟你们一起玩。"

等体型较大的萨斯特鱼龙游走了，天天便游到粗菊石身边，再次变成粗菊石，他绕着晕乎乎的粗菊石边游边说，"赶紧逃跑吧，咱们向相反的方向游。"

粗菊石一下清醒过来，赶紧逃跑。

剩下的萨斯特鱼龙一下分不清哪个是真正的粗菊石，不知道怎么办才好，过了好一会儿才想起去追，等它游近"粗菊石"后，发现追错了。

"嘿！你干嘛要捣乱呢？"萨斯特鱼龙生气地问又变成萨斯特鱼龙的天天。

"我高兴！"天天见粗菊石没有危险了，开心地回答道。

"你赔！"萨斯特鱼龙用长长的尖嘴在天天的长尖嘴上蹭了

一下。

"干什么！"天天气得用尖嘴在萨斯特鱼龙身上捅了一下。

"哎唷！"萨斯特鱼龙痛得翻了个身，摆动大鳍，把海浪卷到半空再抛到水里跌个粉碎，龇着牙吼道，"你家伙敢玩真的，我跟你拼了！"

天天见萨斯特鱼龙真火了，慌忙逃跑。萨斯特鱼龙在后面紧紧追赶。

很快天天游到一个浮木旁，浮木上悬着好几个海百合，天天立即变成了其中的一个。萨斯特鱼龙看不到天天了，兜了几圈，无奈地游走了。

十一 黔鱼龙的游戏

"妈呀，快吓死我了！"天天刚舒了口气，又急得狂乱地挥动着腕羽哇哇大叫，"哎呀，我不能动了！完了！完了！"

"你是谁呀？干嘛大惊小怪地乱叫？你不是动得挺凶的吗？怎么还说不能动了？"旁边的一个茎长（身高）近10米的超长海百合不高兴地责问道。

"你知道个屁呀！"天天只能老老实实地"抓"紧浮木，急得骂脏话了。

"说脏话是不会有好结果的！看看你都说了些什么，不要仗着你比我年轻就说脏话骂我，要知道我比你高，是不会害怕的！"超长海百合气坏了。

"噢，对不起，我是发现自己既不能走路，也不能游泳了，急的！"天天赶紧解释。

"千万别着急，要知道我们这类的海百合都是不能走路也不能自己游泳的，不过现在这样四处飘荡不也挺好吗？"超长海百合安慰道。

"我说了你也不会明白的，唉！"天天郁闷不已。

这时，一前一后游来两只体长近2米的黔鱼龙，前面的个头稍小。黔鱼龙身体呈流线型，四肢鳍状，体形很像鱼，嘴巴长而尖，头呈三角形。

很快，大个黔鱼龙的嘴触到小个黔鱼龙的尾巴，便放慢游速得

意地叫道，"碰到了！碰到了！我赢了！该你追我了！"

"没有没有，你搞错了，继续追吧。"小个黔鱼龙速度不减。

"哎呀，你要赖！"大个黔鱼龙生气地嚷嚷起来，"不跟你玩了，你总是要赖！"

小个黔鱼龙见大个黔鱼龙不追自己了，只好放慢游速，转动大眼睛犹豫了片刻，开始"哎唷哎唷"地叫唤起来。

"怎么了？"大个黔鱼龙问。

"尾巴疼死了！哎唷，疼死我了！"小个黔鱼龙翻腾着身子，一副痛苦得要命的样子。

"又来了！唉——"大个黔鱼龙叹了口气，无奈地游向小个黔

鱼龙。

"幸好我跑得快,差一点就发生流血事件了!不过现在我没空跟你计较,得去换口气了!"小个黔鱼龙不再装样,快速向海面上游去。

"嗳!嗳!"大个黔鱼龙愣了会儿,没跟着游上去。

天天突然想到了一个主意,忙冲大个黔鱼龙喊叫,"嗨,是鱼龙吗?游到我身边好吗?"

"如果你长得高点,我可以考虑。"大个黔鱼龙翻翻眼睛游走了。

"哎呀,郁闷死我了!"天天无可奈何地弯着茎"腰",耷拉下腕"肢"。

十二 奇特的豆齿龙

　　一只中国豆齿龙用短粗的四足划着水慢慢地游近，天天竭力伸长腕肢搭上中国豆齿龙。

　　"干吗！"中国豆齿龙叫起来。

　　"你好呀，大乌龟！"成功变成中国豆齿龙的天天高兴地对"同类"打招呼。

　　"什么？"中国豆齿龙瞪大眼睛。

　　"你是我见过的最可爱的大乌龟。"天天热情地夸道。

　　"什么龟呀？真是莫名其妙，你是不是疯了？"中国豆齿龙生气地说。

　　"你头小脖子短，身体又宽又扁平，还有厚重的背甲，不是龟，那还能是什么呀？"天天问。

　　"疯了疯了！难道你没长尾巴吗？"中国豆齿龙反问一句，又自答道，"明明长了呀！你肯定是没长脑子！除了尾巴，半甲齿龟和我们的另外一个明显的区别是，他们只有腹甲，没有背甲，而我们只有背甲，没有腹甲！"

　　天天这才注意到中国豆齿龙有一条很长的尾巴，上面还覆盖着甲片。

　　"那你……不，我们，到底是什么动物呀？"天天不好意思地问道。

"天哪，我们是楯齿龙家族的中国豆齿龙呀！"中国豆齿龙呲开嘴，露出呈扁平的椭圆状的牙齿，和绝大多数爬行动物那种锥状尖利的牙齿不一样。

"名副其实！呵呵。"天天乐了。

"能说这话不像白痴，今天我好好教教你。"中国豆齿龙认真地说，"根据甲壳的有无，楯齿龙类可分为两类，其中大部分种类和我一样都属于有甲壳的一类，即豆齿龙类。认识砾甲龟龙吗？"

"不认识！"天天老实地回答。

"等一下。"中国豆齿龙四下张望了一下，看到不远处有一只砾甲龟龙。

中国豆齿龙立即迎向砾甲龟龙，并大声问候，"亲爱的砾甲龟龙，身体好吧？忙什么呢？"

"找亲戚呢！"砾甲龟龙回答。

"嗯？"中国豆齿龙怔住了，"别忙！你的亲戚满世界都是，干吗还要找呢？"

"吃饱了撑的呗！"砾甲龟龙随口答道，"我找的不是砾甲龟龙，而是与我们砾甲龟龙家族关系最近的其他动物。"

"我不就是吗？别忘了你也是豆齿龙类的成员。"中国豆齿龙提醒道。

"可我的名称中有个龟字，和半甲齿龟外形也挺像，所以我想搞清楚我们和他们是不是有什么关系。"砾甲龟龙解释。

在中国豆齿龙和砾甲龟龙对话时，天天发现中国豆齿龙的背甲

由数十枚多边形的小骨板组成，而砾甲龟龙的背甲由数百枚的小甲片组成，显得非常厚重。此外，虽然砾甲龟龙和中国豆齿龙一样没有腹甲，但腹部结构十分特别，除中部的腹肋外，两侧还有很多不规则的长条形甲片。

十三 没有背壳的半甲齿龟

"半甲齿龟！还有……"中国豆齿龙看到一个半甲齿龟，立即大叫，但它很快发现一个瘤脐螺（腹足类），急着想捕食，把要教天天的话抛到了九霄云外。

"你好啊，龟亲戚！"砾甲龟龙热情地打招呼。

"谁跟你亲戚呀？"半甲齿龟不高兴地问。

"你呀？难道你不知道我的名称中有个龟字吗？"砾甲龟龙热情不减。

"你是龙，我是龟！"半甲齿龟反驳道，"就像鱼龙是龙而不是鱼一样。"

"好了，我亲爱的爬行动物亲戚，你的这套理论只能糊弄小孩子。"砾甲龟龙慢条斯理地说，"别忘了咱们龙和龟的区别是爬行动物内部的区别，与鱼龙和鱼的差别可是两码事。"

"别扯了，我都快晕了！"半甲齿龟不耐烦地说，"不管怎么说，记住你的亲戚应该是中国豆齿龙，因为你们都属于楯齿龙类。"

"可咱们的关系也不会太远吧，你看我们长得挺像吧？而且我的腹部也有甲片……"砾甲龟龙费劲地寻找"证据"。

半甲齿龟打断砾甲龟龙的话，"告诉你，光看外表没用，新铺龙个头那么小，脖子又短，而安顺龙不仅个头大，脖子和尾巴都很长，但他们都属于海龙类，是亲戚。"

随着中国豆齿龙渐渐游远,天天变得和砾甲龟龙最近,所以他忽地变成砾甲龟龙的样子。

"啊!妖怪!"砾甲龟龙看到"中国豆齿龙"突然变成自己的同类,吓得大叫一声落荒而逃。

半甲齿龟也吓了一跳,但是被砾甲龟龙的惊叫吓得,它自己并没有看见甚至留意到天天的变化。不过当砾甲龟龙游远,天天突然变成一只"半甲齿龟"时,半甲齿龟被天天的变化惊得目瞪口呆,它使劲眨巴眨巴眼睛,喃喃自语道,"我明明没有疯,也没头昏眼花!你是……妖怪?还是神仙?"

"都不是,我是人,因为有魔法帮助,可以变成各种各样的动物。"天天解释。

"晕！"半甲齿龟转了一圈，又反转了一圈后，说，"我还是反应不过来。"

天天忙说，"我是未来的人类，你们生活的三叠纪还没有出现，我是通过魔法来到你们生活的时代的……"

"未来的？"半甲齿龟吓得不轻，啥都听不明白了。

"对对对，我们生活的时代的龟是有背甲的。"天天看清半甲齿龟果然没有背甲，激动地解释。

"什么？龟有背甲？难道我耳鸣了吗？"半甲齿龟露出神经兮兮的表情。

"对你而言，未来的龟会长背甲，而且背甲比腹甲还要明显呢。"天天努力解释，"可能是……龟类先有腹甲，背甲要等以后才演化出来吧……"

天天不知道再怎么说了，其实他猜的没错，科学家们通过研究半甲齿龟得到龟类的腹甲形成早于背甲的结论。

"龟有背甲？龟有背甲？疯了！疯了！哈哈！"半甲齿龟突然狂笑一声，失魂落魄地游了起来。

"但愿它不会疯掉。"天天暗自叹了口气，感觉自己有些胸闷，打算游到水面上去换口气。

十四 倒霉的安顺龙

突然,一片巨大的"乌云"风驰电掣般地游来。

"看你游到哪儿!"

"有本事就快追呀!"

"慢点慢点!"

"当心撞到我!"

"乌云"是由一群鳞齿鱼组成的,它们大多长约20厘米,也有几个长达30厘米的。鳞齿鱼们嬉闹着快速从天天身边游过,没谁留意"半甲齿龟"变成了自己的同类。

"等等我!"天天没来得及想一下,便依照"直觉"跟上鳞齿鱼群。

"噢,感觉真好!"天天发现自己浑身变得轻便起来,而且也没有胸闷的感觉了,不由快活地唱道,"鱼儿鱼儿水中游,游来游去乐悠悠……"

"嗨,你唱得真好听!"天天旁边的鳞齿鱼大声夸道。

"能教教我吗?"另一边的鳞齿鱼问天天。

"我也想学!"后面的鳞齿鱼叫起来。

"怎么了?"前面的鳞齿鱼放慢速度。

整个鱼群都不再快速往前游了,鳞齿鱼们慢慢围住天天,吵吵嚷嚷地要他唱歌。

天天有些不好意思,但还是勇敢地给同伴们唱起来,"鱼儿鱼儿水中游,游来游去乐悠悠……鱼儿鱼儿水中游,游过了许多的春夏秋冬……"

"安顺龙!"

突然有鳞齿鱼惊叫,鱼群迅速散开,但很快又集结成群快速游起来。天天感觉到身体下方有个大块头,还没反应过来到底怎么回事,一只安顺龙已向他扑过来。

这只安顺龙长约4米,尾部特别长,占整个身体长度的一半以上;其次显得长的是细细的脖子;吻部也挺长,嘴张着露出上下颌尖锐的牙齿。

"啊——"

安顺龙发现小小的"鳞齿鱼"突然变成了块头比自己还大的同类，惊叫一声，直直落向海底。

"嘿嘿！"天天得意地慢慢游到安顺龙旁边，问道，"猜我是神仙，还是妖怪？"

"你是神仙还是妖怪，关我屁事。"安顺龙气急败坏地答道。

"难道你没看出我是鱼变的吗？"天天问。

"那……"安顺龙计上心来，和气地问道，"你能变回鱼吗？"

"哼，看你脑袋不大，鬼主意倒不少！想吃了我？做梦吧。"天天不屑地说道。

"要是，你能再变回鱼，我就……"安顺龙突然目露凶光，冷冷说道，"灭了你！"

"没用，只要你一靠近我，我就会变成和你一样的龙。"天天一点也不害怕，故意四处看看，然后叹了口气说，"哎呀，这下真正的鱼都跑光了，你要饿肚子了。"

"你是说……"安顺龙怔住了。

"我是说，你真倒霉，刚才那一群鱼里，只有我不是真正的鱼！不跟你玩了，贾爷爷，让我回去吧。"天天大声叫道。

"我倒！"安顺龙说话间，天天倏地回到办公室。

十五 三叠纪的恐龙

"怎么样,过瘾了吗?"贾老师问。

"嗯!我在想,如果我的样子不是龙,而是人,那些龙会怎样。"天天兴奋地说。

"要不要试试?"贾老师笑眯眯地问。

"哦,那我可不敢,我对自己的游泳水平有自知之明。"天天耸了耸肩。

"正好还有禄丰龙的,不用游泳。"贾老师边说边打开了最后一张图。

"禄丰龙?不是恐龙吗?"

"对呀,要不要到画里去看看?"贾老师问,见两个孩子一起点头,立即挥动魔棒,将两个孩子"送"到图中。

一群禄丰龙聚集在草木葱郁的小河边休息。它们大多身长约5米,站立时高2米多;头与整个身体比起来显得很小。当两个孩子来到禄丰龙群旁边时,立即听到它们嗡嗡的说话声,虽然听不懂,但也觉得特别有趣。

几个小禄丰龙嬉戏地用四肢怪模怪样地走着,其中有一个个儿较小的因同伴的追打而无意跑到了天天和芊芊身边。

"你好呀!"芊芊激动地高声打招呼。

"哎呀,这么大声,吓我一跳!"天天抱怨道。

"你知道什么,恐龙的耳朵背得很。"芊芊说。

小个儿禄丰龙站住，用粗大的尾巴将身体撑稳，左右看看，却什么也没看到。

"你看它的尾巴像不像凳子？"芊芊问天天。

小个儿禄丰龙好不容易才发现天天和芊芊，低下头仔细打量了一下，惊叫一声后拖着两条粗腿儿转身就跑，却不小心撞到另一个小禄丰龙身上。

"乐乐，你是不是抓着昆虫了？"被撞的小禄丰龙问。

"不是"名叫乐乐的小禄丰龙解释："我看到了两个……"

"伙伴们，有两个昆虫，大家快来吃！"被撞的小禄丰龙没等乐乐把话说完，便大声吆喝起来。嬉戏的小禄丰龙们一听，都向乐乐围去。

一个块头最大的禄丰龙见势大声训斥："你们这帮调皮鬼，整天就想着吃昆虫。知道吗，你们满嘴的牙都是用来吃树叶的！"看"调皮鬼"们都望着自己，赶紧扯下几片树叶塞进嘴里嚼起来。

"嗯，多美味！"大禄丰龙用树叶状的、前后边缘有微弱锯齿的细牙使劲嚼出水水的声音，听着像有汁液要流下来似的。

乐乐也不说话，只用有5指的短小前肢往天天和芊芊在的地方指指，然后往他俩那儿跑去。

这下，禄丰龙们都发现了天天和芊芊，个个惊得目瞪口呆，边向两个孩子走来，边嗡嗡讨论来的究竟是什么动物。

"我们是来自未来的人类，生活在两亿年以后的地球上。"天天大声自我介绍，可是禄丰龙们听不懂他的话。

"嗨，你们想干什么？"一只年轻的禄丰龙问。

"我猜他们可能是问我们想干什么？"芊芊对天天说。

"那就告诉他们呗，我们想看看恐龙。"天天大声说。

禄丰龙们面面相觑，最后那只块头最大的禄丰龙厉声喝道，"你们到底是什么怪物？想干什么？"

"还是听不懂。"芊芊说。

"没法儿交流？那就撤吧！"天天正想拉着芊芊离开，却发现一下回到了贾老师的办公室中。

"嘘，有人敲门！"贾老师做手势让两个孩子不出声。

"进来！"

贾老师开了门，是苏菲，手中拎着一个背包。

"怎么，还是不放心小家伙？"贾老师笑着问。

"不是，刚才我忘了把早餐给他们了。"苏菲把背包放到一张桌面较空的办公桌上，从里面拿出一个饭盒，"这是你们的早餐。"

"还有水果色拉呢！"天天又从背包里翻出一个饭盒。

"等午饭后再吃吧。"苏菲没等天天回话，赶紧走了。

"还有吗？"天天拉拉贾老师的手臂问。

"没有了，就这几张图。"贾老师说。

"怎么恐龙那么少呢？不可能！"天天不相信。

"那是三叠纪的，恐龙当然少了。我要去展厅转转，你们去吗？"贾老师问。

十六 魔法手机

"您是说，侏罗纪的恐龙多，快让我们看看。"天天来劲了，见贾老师不说话，便说，"我猜侏罗纪的应该更好。"

"你猜对了，但我没时间陪你们玩了。"贾老师说。

"那您让我们自己玩好了。"天天赶紧说。

"唉——"贾老师无奈地叹了口气，"这样吧，我给你一个有魔法的手机，里面有侏罗纪的恐龙……"

"真的？快让我们看看！"天天激动得叫起来。

"就这个。"贾老师拿起放"魔棒"的那个银色手机。

"所有普通手机有的功能这个手机都有，你可以打电话、上网、听音乐、看电影等。点开'照片'里的'侏罗纪'文件夹，就可以看到里面有图，这些图的顺序是按时代排列的。"贾老师边说边点手机屏幕。

"点击这些图，就可以直接进去了，但你自己不会变成恐龙，还是现在的样子，所以你要做好藏身工作。"贾老师边说边从抽屉里拿出一个耳机插到手机上。

"戴上耳机，就能听懂动物的话。"贾老师把手机递给天天，"如果想退出来，退出'照片'即可。"

"太神奇了，我试试！"天天看到手机屏幕上有好几张图，便点开了第一张。不过在点图之前，他想起自己的早餐，迅速背上背包，打算边看边吃。

十七 双脊龙的诡计

一阵风驰电掣、目眩神迷后，天天发现自己落到一条小溪边。潺潺的溪水纯净碧透，水中的鹅卵石清晰可见，溪边绿草青葱，站着四只双脊龙。天天迅速找到一块离双脊龙们比较近、周围长满草丛的大石头，躲在后面，小心地偷窥。

这四只双脊龙的头顶上都有两个显眼的高棘，体型也差不多，都长4米多，高约2米。它们正围住一只小型恐龙的尸体，面面相觑。

"这只滇中龙是我们合伙搞定的，可他太小了，根本不够我们吃，怎么办呢？唉——"第一只双脊龙叹了口气说，"如果是只巨

型禄丰龙，该有多好呀！"

"我有个主意，"第二只双脊龙不紧不慢地说，"咱们比赛讲故事，谁故事讲得最有趣，谁就先吃。"

"好啊好啊！"第三只双脊龙连声赞同，"我先讲吧。你们听说过这样一个故事吗？一只巨型禄丰龙遇上一只武定昆明龙，巨型禄丰龙热情地介绍自己的名称，却害得武定昆明龙笑破了肚皮。知道为什么吗？因为巨型禄丰龙的身长差不多只有武定昆明龙的一半！哈哈！"

"就这些吗？这么短，又干巴巴的，能算故事吗？"第四只双脊龙不屑地问。

"那你讲讲吧。"第三只双脊龙不高兴地说。

"我知道一个关于咱们双脊龙和云南龙的故事，很简单，你们可能没兴趣。"第四只双脊龙倒挺谦虚。

"简单一点没关系的，和咱们双脊龙有关的就是好故事，快讲吧！"第一只双脊龙催道。

"真的很简单，他们俩进行了搏斗，结果同归于尽了，就这么多！"第四只双脊龙讲得干干脆脆的。

"根本没意思！"第三只双脊龙叫完后对第一只双脊龙说，"现在轮到你了。"

"我有个故事……"第一只双脊龙想了一下说，"可能说理想更合适一点。我一直想到大海逮只鱼龙吃，肯定很有趣……先穿过广袤的森林，再翻越陡峭的高山，最后到达荒凉的海岸，直面波澜壮阔的大海……"

"嗨！嗨嗨！停住停住！"第四只双脊龙打断了同类的话，"你先告诉我们大海的方向在哪儿吧。"

"这话真是问到点子上了！"第一只双脊龙一下呆了，露出一脸的滑稽相，"说实在的，我也不知道。"

"不知道还好意思说！"第三只双脊龙骂道，"真是个蠢货！要是你还稍微有点头脑的话，就应该想到咱们到了海里就被淹死了，不但吃不到鱼龙，反而会成了他们的美餐！"

"好了，别吵了，就剩你了！"第四只双脊龙冲第二只双脊龙说。

"我想，不管怎样，我们都会认为自己讲的故事最有趣，所以评比只会让我们争论不休……"第二只双脊龙的话被其他三只双脊龙的附和声打断。

"对呀对呀！"

"对对对！"

"还不是你出的馊主意！"第三只双脊龙嚷道。

"现在我想到一个公平的竞争，咱们赛跑，谁跑得最快，谁先吃，第二名第二个吃，第三名第三个……"

"好好好！"第三只双脊龙又急吼吼地叫起来，"现在就开始比吧。"

于是四只双脊龙在第一只双脊龙的一声令下开始跑起来。

其他三只双脊龙只顾发足狂奔，都没注意到第二只双脊龙快跑了几步后就慢下来，然后掉头往回跑。

第二只双脊龙飞似的跑到滇中龙尸体旁，立即快速撕咬和吞咽着肉。

这时，天天感到脚边有很轻微的动静，仔细一看，发现草丛中有只身体只有一个指节那么大、浑身毛茸茸的，长得像老鼠的小动物。

天天并不知道这个小家伙叫巨颅兽，边小心翼翼地去捡小动物，边暗自叹道，"太可爱了，比珍珠熊还小巧！我就叫你迷你鼠吧。"

"迷你鼠"受了惊吓，跳起来就跑，转眼就钻进草丛不见了踪影。

"哎呀！"天天遗憾地叫了一声。

看到第二只双脊龙正在埋头苦吃，天天想起恐龙的耳朵都很背，便壮起胆子，把大拇指放到第2张图上，扯开嗓门对第二只双脊龙叫道，"你的同伙回来了！"

这下，第二只双脊龙抬起头来，目露凶光四下搜索。

天天吓得汗毛直立，忙哆哆嗦嗦地点击第2张图。

十八 盐都龙不挑嘴

这次天天来到了绿意浓浓的湖畔,身边的苏铁直接就将他掩藏起来。不远处的一棵树上,一只狭鼻翼龙正在睡懒觉。

"哎哟!哎哟!"突然,狭鼻翼龙感到轻微的震动,睁开眼一看,一只盐都龙撞到了它栖息的树上,正疼得直叫唤呢。

"呵,要见到比我还小的恐龙可真是不太容易!"狭鼻翼龙幸灾乐祸地说。与两翼差不多3米长的狭鼻翼龙相比,体长不足1.5米、身高只有半米多的盐都龙的体型确实是小了些。

"你说我小!"盐都龙像是受到了极大的侮辱,气得直跳脚,"嘿,你说我啥不好,我最恨别的动物说我小了!"

"我的意思是说……你的身材娇小玲珑,看起来蛮可爱的!"狭鼻翼龙赶忙解释。

"真的吗?"盐都龙将信将疑。

"真的真的!"狭鼻翼龙连连点头。

"这话听起来感觉好多了!"盐都龙高兴地说。

"你不就是喜欢被吹捧嘛,可以理解!"狭鼻翼龙笑道,"谁没点虚荣心!对了,你叫什么名字?"

"啦啦!"盐都龙答。

"我是问你是什么龙?"狭鼻翼龙解释。

"我是什么龙?你弱智还是眼睛有问题,我是恐龙呀!"盐都龙不高兴地嚷道。

"唉——"狭鼻翼龙叹了口气，无奈地继续解释说，"就算我没脑子或者只长一只眼睛，也能认出你是恐龙，我的意思是我叫狭鼻翼龙，你叫什么恐龙？你们恐龙家族太大，种类繁多，我只能分清肉食龙和植食龙！"

"哦，我是盐都龙。你真能分清肉食龙和植食龙吗？"盐都龙问。

"那当然！"狭鼻翼龙的语气很自信。

"那你看看我是肉食还是植食恐龙？"盐都龙眨巴眨巴眼睛问。

"依我的经验，你应该是肉食恐龙！"狭鼻翼龙一副很有把握的样子。

"你弄错了，我是杂食恐龙！也就是说，我既是植食恐龙，又是肉食恐龙，哈哈！"盐都龙不禁大笑起来。

"你是说你是吃杂食的恐龙？"狭鼻翼龙特别强调了"杂食"二字。

"嗯！"盐都龙使劲点头。

"就是说你既不专心吃肉，也不专心吃植物？"狭鼻翼龙紧接着问。

"是……好像……的确是这么回事。"盐都龙觉得狭鼻翼龙的话问得有些别扭，所以回答得颇为犹豫。

"难怪你长得这么小！"狭鼻翼龙坏笑。

"你这是什么话！"盐都龙生气地叫道，"我荤素都吃，从不挑嘴，这可是好习惯哎！"

"可你看看光吃肉的气龙，比你大得多吧，那些只吃植物的就更不用说了，峨眉龙、蜀龙，甚至华阳龙都比你大很多，所以我劝你还是做一个忠实的素食者，或者专心吃肉，没事叼根骨头，那样可以补钙！哈哈！哎哟！"狭鼻翼龙乐得差点没从树上掉下来。

"你自己瘦得跟鬼似的，还好意思笑话我！"盐都龙不高兴地走了。

十九 三种植食恐龙

盐都龙刚离开,一群长脖子小脑袋的峨眉龙信步而来,走在最前面的个子最高,将近10米。

"这肯定是植食恐龙。"天天心想,"它们头比较小,身体庞大,行动笨拙,总是成群结队地行动。"

几只小峨眉龙绕树嬉戏。

"孩子们,当心!"为首的高个子峨眉龙叫道。

"就我们的个头,还有必要要害怕这些小树吗?"小峨眉龙们不以为然地嘀咕着。

"我是要你们爱护树木！"高个子峨眉龙解释道，"树木不仅给我们提供鲜嫩美味的树叶食用，还辛辛苦苦地制造氧气让空气变得清新且有益于我们的健康，而且正是因为有这些树，环境才变得这么美丽可爱，让你们不由自主地想在其中游乐。难道我们不该爱护树木吗？"

说话间，高个子峨眉龙领着群龙慢慢走开了。

"没想到恐龙也知道环保！"天天暗自叹道。

峨眉龙们还没走远，又来了一群蜀龙，体长多在9米至12米间，高约3米多，头不大也不小，脖子比起峨眉龙要短很多，但尾巴较长，末端还有个棒状的"尾锤"。它们边走边用钉耙状的牙齿啃着地面上较低矮的植物，还时不时自得地将尾锤摇来晃去的，一副优哉游哉的模样。

一只年幼的蜀龙一眼瞥见树上的狭鼻翼龙，兴奋地叫道，"噢！会飞的恐龙！"

"天哪！怎么还有恐龙犯这样的错误！怎么能说我们翼龙是会飞的恐龙呢……哟！"狭鼻翼龙高声嚷着的那当儿，年幼的蜀龙已走到跟前二话不说对着树干就是一锤。

"喂，小家伙，干什么呢？"狭鼻翼龙大着嗓门喝道。

"开个玩笑！"年幼的蜀龙笑嘻嘻地说。

"开玩笑？你这是开玩笑吗？"狭鼻翼龙厉声道。

"对不起了，翼龙大叔！"年幼的蜀龙立刻道歉。

"什么大叔，叫我翼龙大哥！年纪轻轻的不懂事！"狭鼻翼龙有些不高兴，说完便闭上眼睛不搭理年幼的蜀龙了。

年幼的蜀龙觉得没趣，便又跟自己的同类们哄闹去了。

等狭鼻翼龙睁开眼睛时，瞥见两大一小三只华阳龙正用四条短短的小粗腿不紧不慢地走来，小小的方形脑袋和沉重的尾巴一样离地面很近；颈部的剑板为圆桃形，背部和尾部的呈矛状，左右对称排列。

天天也看到了体形前低后高的华阳龙，正根据剑板推测它们是剑龙家族的成员时，却听到小华阳龙的惊叫声"食肉龙！"

天天仔细一看，果真又来了一只恐龙。这是只气龙，头大脖子短，嘴中全是边缘带有锯齿的利牙；身体比较健壮灵活，只用两只后脚行走但跑得很快；前肢虽然短小，却有尖锐的利爪。

"是食肉龙！"

天天也开始紧张起来。

"慌什么！我们三个还对付不了他一个？"体型最大的华阳龙还挺沉着。

"嘿，识相的赶快跑，不要一块儿送死！"气龙采取攻心术。

"口气倒不小！"中等个儿的华阳龙识破了气龙的意图，"就算一打一，你也未必能赢！"

"你以为我们的尾刺是长着玩的吗？我有法宝我怕谁！"小华阳龙想起自己尾巴有可以御敌的尖刺，镇定了下来。

"可是……"气龙眼珠一转说，"我的同伴也很快就要到了，看你们能神气多久！"

"啊！"最小的华阳龙面露惶恐之色，显然是被吓住了，一个劲儿往最大的华阳龙身上挨近。

"少来这套招摇撞骗的鬼把戏，我先把你收拾了再说！"最大的华阳龙挥舞着尾刺想扫倒气龙，却被闪过。

"咱们走！"中等体型的华阳龙建议。两只大些的华阳龙都把尾巴扬了起来，护着小华阳龙离开。

二十 气龙的捕食方案

　　气龙并没有跟着去追,而是满不在乎地四处张望着,很快便发现了树上的狭鼻翼龙。

　　"上午好啊,老兄!"气龙大声跟狭鼻翼龙打招呼。

　　"你是……"狭鼻翼龙看看四周没别的动物,才斜着眼睛看着气龙,"在跟我说话吗?"

　　"当然!"气龙笑嘻嘻地点点头,"不要以为食肉恐龙就没礼貌喔!"

　　"我可不想和吃肉的恐龙称兄道弟,所以请你赶紧走开!"狭鼻翼龙把头往旁边一扭。

　　"别这样,你们狭鼻翼龙不也是吃肉的吗?"气龙一点也没觉得尴尬。

　　"嘿,你搞搞清楚,我和你可不一样,我吃的是鱼哎!"狭鼻翼龙瞪了气龙一眼。

　　"鱼肉就不是肉吗?咱们都是吃荤的,属于同类,谁也别嫌弃谁!"气龙不满地叫道。

　　"同类?你真搞笑,我会飞你也会吗?"狭鼻翼龙急了,"识趣的最好走远点,别指望我从树上跌到你嘴里!"

　　"瞧你想的,满世界肥嘟嘟的植食恐龙,我干嘛要将就着吃瘦兮兮的翼龙!"气龙不以为然。

　　"嚯,不了解行情的动物听了你这话,还以为植食恐龙就像植

物一样长在地上等着你去吃呢！"狭鼻翼龙并不相信气龙，"要是你没本事逮住肥龙，还能不打我们翼龙的主意？"

"你听说有气龙差劲得要去吃翼龙的吗？你也不瞧瞧你自己的身子骨，就你这样的皮包骨头的家伙，我吃了还嫌吐骨头麻烦呢！哈哈！"气龙忍不住笑了。

"噢，我忘了你们气龙是这里的头号杀手了！"狭鼻翼龙用嘲讽的口气说。

"嘘，低调！"气龙神气活现地说，"好的职业杀手都很低调，再说了，我也没有你说得那么厉害。"

"不过刚才你可没有展示出头号杀手的风采！"狭鼻翼龙撇撇嘴说。

"你以为我们捕猎物像你捕鱼那么容易吗？唉！"气龙叹了口气，得意劲儿一下没了，"你是知道的，那些植食恐龙没一个省事的，个个都有武器。蜀龙和峨眉龙有尾锤，华阳龙有尾刺，随便挨上哪一下都会疼很久的，弄得不好还会搭上小命！"

"那……通常你选择猎捕哪类恐龙呢？"狭鼻翼龙听说气龙过得并不爽，对它的口气和善了很多。

"老弱病残是首选。"气龙回答。

"我的意思是说，在蜀龙、峨眉龙和华阳龙中，你比较偏爱猎捕哪一个？"狭鼻翼龙耐心解释了一下自己的问题。

"这个——"气龙愣了一下，"我想应该逮谁是谁吧。哈，要是哪天我做梦时有这样的选择余地，一定乐得笑醒了不可！"

"如果，我是说，假设有一天你遇上一只蜀龙、一只峨眉龙和一只华阳龙，你会选择谁做猎物？"狭鼻翼龙追问。

"当然是华阳龙了，他们体型相对要小很多，比较容易对付一些，而且……"气龙想了一下说，"华阳龙长得比较实在，没肉的地方不多，你看他们都是脑袋小小的、腿短短的吧？哪像峨眉龙，虽然个头挺高的，但脖子就顶了大半，脖子上能有多少肉呀！"

气龙说完后，立即快速往别处去了。眼见气龙已经走远，天天才想起应该照张相，日后也可以向朋友和同学们显摆显摆。天天立即找到照相程序，从苏铁丛中跑出来，正准备照相，却听到惊叫声。

"神仙？"狭鼻翼龙见天天没搭腔，又问，"还是妖怪？"

"糟了，暴露了！"天天见气龙并没回头，才放下心来对狭鼻翼龙说，"我是人。"

"你说什么？"

"我是人！"

"你到底说的是什么？"

"我既不是神仙，也不是妖怪，而是来自未来社会的人类。"

"哎呀，你叽里咕噜地说了一堆，我一句也没听明白，看来你真的是个怪物！"狭鼻翼龙说完便飞走了。

"搞半天，它听不懂我的话，真郁闷！"天天懊丧地嘟哝，"要是芊芊也能一起来就好了，至少可以陪我说说话。"

天天四下看看，发现没有恐龙了，无奈地点击第3张图。

二十一 馋嘴的四川龙

一只体型纤细的四川龙出现在天天眼前。它正在仔细地用锋利的牙齿撕着一具残尸上的肉,很快地上便只剩骨头。

"这下好了,再也没什么可啃的了!"四川龙看了看剩下的骨头,很满意地说,"嗯,鬼也没我吃得仔细,就算风吹雨淋外加太阳曝晒几个月,这些骨头也不会比现在更干净到哪儿去。"

四川龙转身离开那些骨头,正好冲天天所在的地方走来。

"啊——"四川龙看到天天,吓得大叫,"你是鬼吗?"

"我不是鬼!"天天说。

四川龙虽然听不懂天天的话，但很快镇定下来，它使劲眨眨眼睛，自言自语道，"大白天的，能见到鬼吗？"

这时，戴着耳机的芊芊突然出现了，就在天天和四川龙中间。

"哎呀！"四川龙吓得两脚一软，跌坐在地上，"真的有鬼！鬼呀！"

"芊芊！你怎么来了？"天天高兴地问。

"待会儿有空慢慢告诉你。"芊芊说话的时候，将一个粉红色的手机对着四川龙，"不要害怕！"

四川龙仔细看了看两个孩子，咧开嘴乐了，"原来鬼长得这么可爱，和我们完全不一样！你们的皮真漂亮！"

"告诉你我们不是鬼，是未来社会的人！还有，你说的皮是这个吗？"芊芊拉拉衣服，见四川龙点头，便说，"这是衣服。"

"什么？"四川龙不信，"别逗了，是鬼就承认嘛，又不丢脸。"

"真的是人，我们属于哺乳动物，也是由一类爬行动物演化来的。"芊芊解释。

"管你们是什么呢，能告诉我你们想干什么吗？"四川龙问。

"我们要看看这里的恐龙。"天天答道。

"喂！看什么恐龙，吃好喝好过好才是正事！"四川龙认真地说。

"还是边走边说吧，这样也许能看到别的恐龙。"芊芊告诉四川龙，"我们人类的孩子呀，喜欢恐龙的比喜欢吃喝的多！"

"什么？你们竟然不喜欢吃喝！"四川龙慢吞吞地陪着两个孩子走，比它平常的行走速度慢很多。

"我们人类不愁吃喝，我们有猪肉、牛肉、羊肉、狗肉、驴肉、鱼肉……好多肉吃。"天天解释。

"那么多肉呀，我就听说过鱼肉！"四川龙的口水都流下来了。

"你不是带早餐了吗？"芊芊问。

"哎呀，我都忘了！"天天赶紧从背包里拿出饭盒，把盖子打开，拿出两根早餐肠递到四川龙跟前，"给你点零嘴尝尝。"

"哦，这么小！"四川龙两眼放光，毫不客气地将早餐肠夹到嘴里嚼了起来，然后眯着眼睛说，"哎呀，真是太美味了！我能再尝尝吗？"

不等两个孩子回答，四川龙便飞速将剩下的几根早餐肠全夹到嘴里，慢慢品味完。

"真希望天天能有这样的美味吃！"四川龙吃完后意犹未尽，又把色拉夹起来，扔到嘴里，但嚼了一下后立即吐了出来，"这是什么怪东西呀！"

最后四川龙盯着饭盒问道，"这个能吃吗？"

"不能不能！要是我能天天来，或者你能跟我们一起到我们生活的地方就好了，不过你可别把我们家吃穷！对了！"天天眼睛忽地一亮，"你可以给肉食品公司做代言，肯定会成为明星，住最好的地方，吃最好的肉，不过不是恐龙肉，呵呵。"

"有肉就行！"四川龙兴奋地问，"能吃到新鲜肉吗？你知道吗，我们四川龙斗不过永川龙，也很难搞定那些食草龙，能吃到永川龙吃剩的肉就很不错了……"

"你要吃多少新鲜肉都有！"天天打断四川龙的话，"你要是愿意的话，新鲜肉一辈子都吃不完。"

"天呀，世界上还有这种我做梦也不会有的好事呀！"四川龙不敢相信。

"前面好像有恐龙！"芊芊突然叫起来。

"哎呀，是两只沱江龙！"四川龙回过神来，"我要撤了。"

"你不是食肉龙吗？怎么还害怕食草的？"天天问。

"哎呀，以少欺多不是我的一贯作风，我劝你们两个小不点还是躲躲为妙，沱江龙可不好惹，给他们的尾刺扫一下，没准连命都会给搭上。"四川龙说完就飞快地撒腿跑了。

二十二 长剑板的沱江龙

天天和芊芊立即躲到一棵苏铁后面，远远地观望。这两只沱江龙长约6米，高约2米，脖子、背脊和尾巴上都长着十几对三角形的背板，尾巴末端有两对向上竖着的利刺。

瘦一点的沱江龙正立起后脚，将前脚搭在一棵苏铁的树干上，竭力伸着不长的脖子大吃嫩叶。较胖的那只则竖起背板，四脚不停地在同伴身边踱着。

"你知道那只沱江龙为什么竖起剑板？"天天低声问。

芊芊摇摇头。

"我告诉你，剑板平放是为了吸收太阳的热量，不需要吸热时就把它竖起来。"天天得意地解释，"知道吗？这剑板可是剑龙家族的识别标志。刚才我看到的华阳龙也是剑龙类的，但剑板数目较多，形状和这两个龙也不同。"

"好了没？"胖沱江龙转悠了一会儿后，不耐烦地问。

"这棵树上的叶子特嫩，你也来吧！"瘦沱江龙趴在苏铁上啃着嫩叶，答话时头都不抬。

"你知道我胖，爬不上去！"胖沱江龙抱怨道，"真是，我还要等多久？"

"再等一会儿！"瘦沱江龙抬起头，边嚼着树叶边应付着。

"还要等一会儿？"胖沱江龙不高兴地叫道，"算了，我先走了！"

"行了行了！"瘦沱江龙立即从苏铁上下来，"真是搞不懂，一般胖子都比较有耐心的，你的性子怎么这么急？"

"你还是操心你自己吧，吃那么多也不长肉！真是，吃了白吃，何必浪费嫩叶！"胖沱江龙边走边瞪了瘦同伴一眼。

"嘿嘿，我知道你一直妒忌我瘦，吃多少也不用操心减肥。"瘦沱江龙并不生气，紧紧跟上胖沱江龙。

胖沱江龙走了没几步，突然惊喜地叫道，"这叶子好肥，我要埋头苦吃！"

瘦沱江龙见状，便就近找了棵树专心吃起树叶来。

过了会儿，天天憋不住了，轻声问芊芊，"对了，你是怎么来的？"

"用手机呀。"芊芊晃晃手中那个粉红色的手机。

"你的手机也能穿越？"

"不仅能穿越，还有把我们的话翻译成恐龙语的功能！"

"难怪刚才四川龙能听懂我们的话。贾爷爷怎么……"

"如果你不是光想着自己，和我一起来，就可以和之前的恐龙交流了！"

说话间，芊芊抬起头，与一只恐龙眼三目相对，同时发出了惊叫。

是那只胖沱江龙，它上下打量了一下芊芊和天天，然后拖着四条相对于身体而言很短的腿转身就跑。

天天在后面边追边大声叫道，"回来，我不会伤害你的，我想和你做朋友。"

"嗨，你们想干什么？"瘦沱江龙冲过来吼道。

"看恐龙。"芊芊大声答道。

"看恐龙？恐龙有什么好看的？"胖沱江龙疑惑地望望瘦同类。

"你大脑有问题吗？还是忽悠我们？快说，你们到底想干什么？"瘦沱江龙挥舞起尾刺。

"我们没有恶意，你看我们比你们小多了，不可能伤害你们。"芊芊赶紧解释。

"食肉龙不一定比我们大！"胖沱江龙叫道。

看着两只沱江龙都警惕地瞪着自己和芊芊，天天拉着芊芊说，"没想到沱江龙的胆子都这么小，真不该叫它们恐龙，咱们还是去看别的恐龙吧。"

很快，两个孩子便看到一只身高近3米多，身长近20米的马门溪龙。

二十三 智斗永川龙

马门溪龙正在嚼树叶,意外看到天天和芊芊,吓得叫起来,"啊!救命!有怪物!"

"我们是人类的孩子,不会伤害你的。"天天的话让马门溪龙很快就镇定下来,它发现这两个孩子没有食肉龙匕首般的牙齿。

"不好意思,我落单了,所以比较紧张。"马门溪龙松了口气。

"你是马门溪龙吧,我看了好多书,上面都有你们。"天天大声说。

"树？我不会爬树呀！而且我也没听说哪个马门溪龙会爬树的。"马门溪龙一开口，天天才想到它不知道书是什么，便说，"你们马门溪龙的知名度很高，是著名的恐龙。"

"著名？怎么会呢？我们马门溪龙脑袋小，脖子长，没什么好看的呀！"马门溪龙纳闷了。

"而且你们嘴巴小，牙齿又不多，肚皮却很大，要吃饱很不容易是吧？呵呵——"天天不禁笑起来。

"可不是吗，最烦的是我们的脖子太长，食物从嘴里到肚子里要经过很远的路程，唉！"马门溪龙表情立刻由晴转阴，"一天到晚埋头苦吃，根本没什么空余时间可以玩，真是命苦！"

"哎呀，你吃树叶嘛，用嘴巴就行，你可以边吃边玩！"天天建议。

"怎么边吃边玩？"马门溪龙问。

"比如……可以踢踢腿、扭扭屁股、甩甩尾巴、跳跳舞之类的。对了，你长着那么长的脖子，可以跳到河里，一边洗澡一边吃树叶，一定爽得很……"

"这话听起来真耳熟，对了，昨天一位沱江龙叔叔刚跟我说过，我试过了，根本不行！"马门溪龙愁眉苦脸地说。

"让我想想，要不我们来玩滑滑梯吧！"天天兴奋地叫道。

"你说什么？"马门溪龙问，"我没听清！"

"是你说话声音低呢，还是它可能不知道什么是滑滑梯？"芊芊耸耸肩做了个鬼脸。

"哦对，那……"天天扯着嗓门问，"能让我们从你尾巴上滑下去吗？"

"没问题，呵呵。"马门溪龙立即躺倒让两个孩子爬到它背上。

于是两个孩子从马门溪龙尾巴上滑下去，又再爬到龙背上接着滑，玩了好几遍，还觉得意犹未尽。马门溪龙也很高兴。

"太棒了！虽然没有滑滑梯那么滑，但要比滑滑梯好玩一百倍！我们应该留个影。"先滑下来的天天正想打开手机照相程序，给芊芊照张"滑龙尾"的像，却发现远远地来了一只恐龙，于是大叫，"我看见一只恐龙！"

"是永川龙吗？"马门溪龙紧张地问。

"不知道。"天天答道，"不过脑袋比四川龙大，像是食肉龙，怎么办呢？"

"赶紧跳到河里！快坐到我背上！"天天一爬到马门溪龙背上，马门溪龙就赶紧往河边跑，"你们可得坐好了，当心掉到水里！"

"赶紧把手机给我放进饭盒，要不进水了。"天天对芊芊说。

当天天看见的食肉龙走近时，马门溪龙已经从容地站在河里，让河水淹没自己和天天、芊芊，只露出两个孩子的上半身。

"是巨型永川龙，这一带最恐怖的食肉龙！"马门溪龙说，"不过他不敢下水。"

"哇，真刺激！"天天立即兴奋地昂起头，装出痛苦的样子吼道，"救命！救命啊！"

"手机！他听不懂！"芊芊说。

这只永川龙全长不过6米，身高不足3米。它判断不出马门溪龙所在处的水位深浅，不想贸然行动，暗自叹道，"这么好的机会，真可惜了一顿美餐！"

天天忙拿出手机，对着大叫救命，见永川龙没理会，天天吼道，"喂，你怎么一点人情味也没有！"

"我本来就不是人！"永川龙冷冷地说。

"嗨！龙兄！靓仔！帅哥！"天天不得不扭头放松了一下，露出狂笑的表情，然后再转过来苦着脸吼道，"你难道就没有点爱心吗？"

"永川龙，他们不是恐龙，你就奉献一点爱心吧。"马门溪龙也来劲了，在水中大叫。

"爱心？"永川龙吼了一声，露出满嘴倒钩似的利牙，"等你们淹死了，我来收尸吧！"

永川龙扭头便走了，心里暗暗想道，"你们以为食肉龙都是些

有勇无谋的家伙呀！"

等永川龙走远了，马门溪龙慢悠悠地上岸，天天忙用手机照相，"咱们合影吧。"

天天没法照到马门溪龙的全身，便和芊芊一起顺着马门溪龙的尾巴下到地面上，分别和马门溪龙留影后挥手告别。

"哎呀，咱们显得太小了。"芊芊看着照片，遗憾地说。

"没办法，否则马门溪龙就照不全了。"天天打开"侏罗纪"的文件夹，发现其中的恐龙都看完了，迟疑了一下问芊芊，"咱俩的恐龙一样吗？"

"当然不一样了，你手机里的恐龙只有曾经生活在我国的，我手机里有国外的。"芊芊说。

"吹吧！"天天一琢磨，自己看到的恐龙确实都是国产的。

"本来我手机里恐龙只有国外的，但贾爷爷把你手机的文档给我共享了，但你的却没有共享到我的……"

"别吹了，眼见为实。"

芊芊打开手机的视频，上面出现了一只鱼龙。

"这就是进口恐龙？哈哈！"天天大笑，不过他很快停下来，一把抢过芊芊的手机，仔细看了看，然后尖叫，"这是大眼鱼龙！"

二十四 侏罗纪的海生爬行动物

屏幕上的那只大眼鱼龙正急速追捕一只乌贼,并很快得手。

"哎呀,大眼鱼龙在海里,没法儿零距离接触呀!"芊芊拿回手机,着急地说,"我可不敢到海里游泳。"

"让我想想,有什么办法呢?要不问问贾爷爷?可是,我不知道他的电话号码。要不问问我妈?也不行,她肯定不让我看了……"

就在天天绞尽脑汁想办法时,芊芊突然"哎呀"叫了一声。

"怎么了?"天天吓了一跳。

"来了一只鲨鱼,不过大眼鱼龙躲到珊瑚礁的洞里了。"芊芊舒了口气。

"呀——"这时,芊芊看到屏幕上突然有个眼睛长在头顶的大头怪物倏地从下面冲出来,还张着大嘴巴,惊呼着连忙把手机扔掉。

"是不是……滑齿龙?"天天连忙把手机捡起来,但画面上只剩湛蓝的海水了。

"哎呀,太可惜了!"天天连连摇头叹息。

"可惜什么呀?反正你的手机也没有这个,你去不了。"芊芊又从天天手上拿过手机,点击下一张图。

二十五 梁龙群中遇险

这次天天和芊芊正好一前一后坐到一只梁龙背上没刺的地方。

"真掉了！真掉了！"一只迷你翼龙（圆鳄龙）惊叫着飞到两个孩子坐的那只梁龙的耳边，大声说，"小六，太神奇了，真的掉下来两个，不过不是你想要的龙妹妹！"

"那是什么呀？"梁龙"小六"问。

"我也不知道是什么东西，不过他们长得太怪了，肯定不是恐龙！"报信的迷你翼龙赶紧飞回来看天天和芊芊。

芊芊大声答道，"我们是人类的孩子！"

"人类？"迷你翼龙想了一下，"没听说呀！"

"对你们来说，我们应该算是1亿多年以后地球上的一种动物。"天天硬着头皮解释。

"1亿年？那得是多少天呀！"迷你翼龙惊叫，"别叫我算，我有数盲症，超过一的我都转不过弯来！"

这时，天天注意到他们身处一群长脖子、长尾巴、体型巨大的植食恐龙当中。

"简直太神奇了，刚才小六正在祈祷从天上掉下个龙妹妹，你们就突然出现在他背上。"另一只小些的迷你翼龙解释。

"天上掉下个龙妹妹？"芊芊念叨了一句。

"你们不知道，小六一直喜欢那边那个天仙姐姐，可他的天仙姐姐跟头领好，他就祈祷天上掉下一个更漂亮的龙妹妹。"报信的

迷你翼龙说。

"看看她多漂亮呀，要是我身上的这些迷你翼龙中的随便哪一个能变成她的样子，那该多好呀！""小六"望着一只体长近30米，正准备生蛋的母梁龙。

"我劝你还是现实点，指望自己变成我们这样的翼龙住到她身上好了。"报信的迷你翼龙说，见"小六"生气地抖起来，赶紧说，"又嫌我啰嗦么？好吧，我会乖乖闭上我的小嘴，让你感觉不到我的存在。"

"什么意思？你们住哪儿？"天天问。

报信的迷你翼龙立即将自己跟"小六"保证的话抛在脑后，"告诉你吧，我们迷你翼龙，在梁龙身上出生，一辈子都追随梁龙，在他们身上玩耍、吃东西，不过我们吃的是昆虫，不是梁龙肉。"

"聪明，梁龙那么大，你们这些小翼龙住着挺宽敞，呵呵。"天天忍不住笑了。

"可不，他们每天拉的屎都能把你们两个……"报信的迷你翼龙不知道该怎么称呼天天和芊芊，天天赶紧说了个"人"字，于是报信的迷你翼龙继续说，"他们每个龙每天拉的屎都能把你们两个人淹死！"

"我绝对相信。"天天一点也不生气，而是得意地对芊芊说道，"现在，要是有人拍这个梁龙的全身照的话，肯定没法看出它身上还有我们两个骑士！咦，真的耶，梁龙是产于美国的恐龙，可芊芊……我怎么也来了？"

芊芊刚要回答天天的话,却被小些的迷你翼龙打断了,"哎呀,天仙姐姐生蛋了!"

母梁龙在森林边产下足球大的蛋,并轻轻将其掩埋。

"龙妈妈不管自己的蛋了么?"芊芊问。

"当然了,那些蛋只能自生自灭,如果小梁龙能幸运地出生,会跑到森林吃草,长大后回到龙群中来。"小些的迷你翼龙解释。

这时,梁龙群突然出现一阵骚动,许多梁龙不停地挥动长尾,乱作一团。

"有跃龙进犯!""小六"紧张地说。

"那还不赶紧跑,我可不想重找别的梁龙过日子!"报信的迷你翼龙叫起来。

"小六"落荒而逃，只希望四条腿能跑多快就跑多快。眼看就要让天天和芊芊撞上树枝，天天赶紧抓住树枝并大叫，"抱紧！"

慌乱的芊芊没能抓着树枝，而是抱住了天天的腿。

梁龙们惊慌失措四散逃跑，天天和芊芊看清了来的跃龙（又名异龙）。与梁龙相比，这只跃龙的体型不算大：差不多有12米长、5米高，长着近1米长的大脑袋，尾巴又粗又长。

跃龙用两条高大粗壮的后肢大踏步走到两个孩子跟前，它好奇地去嗅芊芊。

"啊——"芊芊吓得尖叫一声晕了过去，和手机一起落到地上……

二十六　跃龙PK雷龙

跃龙低下头来凑到芊芊身上闻了闻后，立即扭过头去嚷道，"咦——，什么怪味，恶心！"

很快，跃龙发现了芊芊的手机，它伸出短小的前臂，用有三个带锋利尖爪的手指抓住手机，在手心里翻来覆去地看。

突然，手机里响起音乐，它惊得手一抖，手机掉到了地上，但音乐还在继续响着。

"别怕，是歌儿。"在跃龙看手机时，天天已经冷静下来。

"我知道，是什么歌儿？谁唱的？"跃龙没听懂。

"把手机给我看看。"天天见跃龙没反应，便叫道，"快帮我下来吧！"

跃龙赶紧走到天天身边，让他跳到它身上，再顺着背和尾巴滑到地上。

天天捡起手机，大声给跃龙念屏幕上显示的"Heal the World"。

跃龙仔细听了一下，便跟着音乐扭动起来，"哎呀，这家伙唱得太好听了，我要做他的粉丝！"

"迈克尔·杰克逊要是知道自己有恐龙歌迷，肯定激动死了！"天天突然想起，"可惜，他已经死了。"

"不管！我要做他的歌迷，学他的歌！"跃龙不在乎地嚷嚷。

"那你肯定会成为摇滚歌王，有数不清的超级发烧友！对了！

芊芊！醒醒！醒醒！"天天一转念，赶紧跑到芊芊身边使劲摇她。

"摇滚歌王？哎呀，这个主意不错。"跃龙边自言自语边不停地跟着音乐手舞足蹈。

天天摇了好几下，芊芊才睁开眼睛，疑惑地问，"我……没被吃了？"

"没有，一根指头也没少，你站起来看看有没有摔伤。"芊芊赶紧爬起来，"还好，好好的，那只恐龙呢？"

"在跳舞呢！"天天指了指跃龙。

芊芊看到跃龙陶醉的样子，不由乐了。

天天按键把音乐关了。

"嗨，你干嘛？"跃龙不高兴地问。

"我要离开这里，去别的地方。"天天说，"不把音乐关了就没法走了。"

"去哪儿？我送你们好了！我可是有实力的食肉龙，可以保护你们。"跃龙殷勤地说。

"你？"芊芊害怕地瞪着跃龙。

"我是有职业道德的，保证不会吃你们，再说你们的味儿也太怪了，我闻了根本没食欲！不过……我的背没有食草龙那样坐着舒适，干脆咱们一起走，我可以边走边跳边等你们。对了，来点……歌儿，那个，我的那偶像叫什么来着？"

"迈克尔·杰克逊！"天天笑道。

"我来拿那个小玩意儿吧，听歌也方便。"跃龙把"手"伸到芊芊跟前，芊芊只好把手机给它拿着。

走了没多久，遇上了一个体型较小的跃龙。

"你好啊。"跃龙刚一打招呼，小跃龙立即哇哇大哭。

"怎么回事啊？"跃龙问。

"我不好！"小跃龙抽抽噎噎地告诉大同类，它饿得要命，刚才遇上几只剑龙，没吃着还被臭骂了一顿。

"小呆子，你还指望那些食草恐龙夸你。你就算不吃他们，活活饿死，他们也只会笑话你傻！"跃龙满不在乎地说。

"我倒是情愿做吃草的恐龙，免得被骂成杀龙犯！太丢脸了！"小跃龙无奈地说。

"丢脸？"跃龙瞪着自己的同类，"小朋友，你对肉食龙的认识太肤浅了！咱们可是大自然安排的环境保护者！"

"环境保护者？"小跃龙吃了一惊。

"是啊，你想想，那些植食龙吃的是什么？是植物！植物又是什么呢？是氧气的制造者！"跃龙继续讲道，"再说，要是没了我们，任由那些植食龙发展下去，他们肯定会把植物吃光，最后他们会因为没有食物而饿死。"

"不过，谁不想像食草恐龙那样舒舒服服地待着呢！要是地上长的全是鲜肉，我就做歌星开巡回演唱会！撂给为我鼓掌的超级发烧友大把大把的鲜肉，让他们一刻也不想离开气氛热烈的现场！"跃龙一看小同类和天天、芊芊都乐得支不住了，赶紧打住滔滔不绝之势，"这是白日做梦！现在干正事，给你搞吃的！"

小跃龙热情高涨地同行。

走了没多久，他们便看到一只雷龙正在池塘边悠闲地散步。

"哎呀，咱们有吃的了！"跃龙两眼放光。

"你是说雷龙？他可比我们大多了！"小跃龙有些害怕。

"怕啥！恐龙社会最重要的是实力！"跃龙踌躇满志，"梁龙我都咬过！"

"可是……嗨，你疯了！"小同类还没说完，跃龙已经猛扑到雷龙背上。

雷龙一声惊叫，用大尾巴使劲抽打跃龙，跃龙落地让过后，又对准雷龙的脖子张开大嘴咬住。雷龙疼得大吼一声，它拼命挣扎，想把跃龙甩掉，可跃龙就像胶布一样死死粘在它身上，怎么也甩不掉。情急之下，雷龙忍着疼痛向池塘奔去，跃龙一看形势不对想跳开，但它牙齿上的倒钩已深深钩住雷龙，它急着想松开，反而使雷龙疼得一头栽入池塘，庞大而沉重的身躯把池水溅到小跃龙和天天、芊芊身上。

两个孩子和小跃龙惊恐万状地看着跃龙也一起沉入塘底。池水混浊了，翻了一阵气泡后，恢复了平静……

直到小跃龙厉吼一声，发疯似地奔跑起来，天天才回过神，却发现芊芊不见了。天天四处高喊，一直找不到芊芊，万般无奈，只得按键退出"照片"程序。

二十七 空间转换器

当天天回到贾老师的办公室时,发现芊芊正在办公桌那儿和贾老师一起吃盒饭呢,立即气不打一处来,"我都快崩溃了!你倒快活,偷偷跑回来吃饭了!"

"我也不想回来,可我的手机被跃龙沉塘了,没办法。"芊芊说。

"手机还我。你妈送盒饭了,赶紧吃。"贾老师接过手机,指了指桌上的一盒饭和一盒菜。

天天坐下来,狼吞虎咽地吃了几口后,包着一嘴的饭菜问道,"贾爷爷,你说是我妈送的盒饭,她怎么没盘查我呀?"

"查了,我说你去洗手间了。你要再不回来,我也得让你回来。"贾老师说。

"可手机在我手上呀,您有什么办法呢?"天天问。

"我当然有办法了!手机在你手上我就鞭长莫及了?芊芊怎么回来的?"贾老师反问。

"那您倒说说,您有啥绝招?魔法?还是……时空飞船?"天天问。

"等你吃好饭了,我再告诉你。"贾老师说。

天天赶紧三下两下将饭菜吃完,把饭盒都收拾好,扔到办公室外的垃圾桶,然后殷勤地问贾老师,"贾爷爷,您看,还有什么我能做的?"

"巴结我？是想知道我的绝招吧？呵呵——"贾老师笑着靠到椅背上。

"可不，白垩纪的恐龙我还没看呢，嘿嘿。"天天讪笑。

"现在看白垩纪的恐龙很简单，不要魔法了。你妈没跟你说吗，这两年我们联合国外的同行和生物学家们，复活了大量发现了化石的古生物，最早的就到白垩纪。"

"那恐龙在哪儿呢？"天天迫不及待地问。

"在南方的一些海岛上，我们暂时叫它们世外龙园。那里气候温暖湿润，适宜恐龙生活。"

"太棒了！现在能看吗？"天天兴奋地跳起来。

"啊——"贾老师打了个大哈欠，"等我睡完午觉了，再说。"

"贾爷爷，您要是不让我看到恐龙，我就不让您睡觉！"天天开始耍赖。

贾老师叹了口气，无奈地从抽屉里拿出一遥控器，对着办公桌前的书架一按，书架立即移开，露出后面的一个大玻璃柜。

"你看，那是个空间转换器，通过它可以一下就被送到世外龙园。"贾老师说。

"这是跟踪器。"贾老师从抽屉里拿出一个"手表"给芊芊戴上，然后指指跟前的电脑说，"从这台电脑可以监控参观者的状况，一旦参观者遇上危险，可以通过电脑控制空间转换器把参观者切换回来或转移到其他空间。不过，我现在非常困，万一我睡着了，你们遇上食肉龙……"

"那我们会立刻闪人！我们是人类，还能玩不过恐龙！"天天赶紧说。

"贾爷爷，我们会小心的。"芊芊也跟着说。

"对了，我有瓶隐形水，喷了可以让那些古动物看不到你们，也可以让它们不受干扰。"贾老师又从抽屉里拿出一个有喷嘴的小瓶子，给两个孩子上上下下喷了喷。

"记住，要是和那些古动物有身体接触，就会现形。我再提醒你们，遇到危险的古动物，比如食肉恐龙时，要离远点。"贾老师特地嘱咐说。

"知道了，您再说我就记不住了。"天天不耐烦地嚷道。

"这个带上。"贾老师把小瓶子交给芊芊，"如果不小心现形了，还可以再喷。好了，你们赶紧进空间交换器吧。"

贾老师坐到办公桌前，用鼠标点了点电脑上的程序，将玻璃柜的门打开。

等天天和芊芊走进空间交换器后，贾老师用鼠标点击程序，将空间交换器的门关上，然后微笑着冲两个孩子挥手再见。

门刚要关上，却又开了。

贾老师递给天天那个插着耳机的"魔法手机"，"记住，戴项圈的动物是导游，如果遇上危险，就打119。"

二十八 中华龙鸟导游

天天正琢磨着戴项圈的动物是导游到底是怎么回事，眼前的美景忽地让他精神一爽。

碧波荡漾的大湖山环树绕，风轻轻吹来，夹带着丝丝湖水的清新。湖畔茂盛的植被中间，各种奇特的动物正悠然信步……

"这里真是太美了，就像童话里的世界！"芊芊不禁叹道。

一只体长约1米，两足行走的鹦鹉嘴龙从两个孩子身边经过，天天赶紧拉着芊芊避开。

"好险，差点就撞到了。"芊芊说了句。

"什么？"鹦鹉嘴龙疑惑地四下看看，什么也没发现，又接着走自己的路了。

"真有趣！呵呵——"天天不由笑起来，却感到腿肚子被撞了一下。

撞到天天的是一只体型和鸡差不多大的恐龙，头很大、前肢短、尾巴很长，背部从头到尾长着细丝，最奇怪的是：它的脖子上有个项圈。

"中华龙鸟？"天天叫起来。

中华龙鸟被突然出现的天天吓得一个惊跳，但它很快就镇定下来，问道，"不是有两位吗？"

"你怎么知道？"芊芊边问边主动去摸了中华龙鸟翘起的尾巴，这下中华龙鸟也能看到她了。

"果真是两位。"中华龙鸟说道,"你们好,刚接到你们要来参观的通知。我是这里的导游中华龙鸟跳跳,你们就叫我跳跳龙好了。"

中华龙鸟跳跳说话时,项圈一闪一闪地发光。

"你真的是中华龙鸟?你会说人话?"天天激动地问。

"准确地说是我脖子上的项圈帮我翻译了我的话。你们人类真的太厉害了,在我身体里装上了芯片,让我懂得你们的语言,并且了解不少知识,可以为你们做导游。"跳跳龙说。

天天和芊芊惊奇地你看看我,我看看你,都说不上话来。

"首先自我介绍,我和我的同类学名虽然叫中华龙鸟,但实际上是长毛恐龙,因为最早命名的古生物学家把化石中我们的骨骼误认为是鸟,所以起了鸟的名称,虽然后来经过专家们的再次研究确认我们属于兽脚类恐龙,但根据命名优先原则,还得保留鸟的名称。"跳跳龙边走边耐心地解释,两个孩子慢慢地跟着。

"我的妈啊!你连命名优先法都知道,真是太牛了!"天天连连摇头表示不可思议。

"唉,都是命名优先原则惹的祸,害得我们好端端的恐龙却落下鸟的名字……"说话间,跳跳龙带着两个孩子来到一个斜坡前。

二十九 想飞的长毛恐龙

一只体型比中华龙鸟稍大，前后肢都很长，尾部长着真正的羽毛的原始祖鸟正对准斜坡发力冲上去，可还没冲过斜坡便顺坡跌了回去。它努力了好多次，每次都这样，所以只见它不停地滚下来，又冲上去……

"它这是干吗呢？"天天问跳跳龙。

"我在练习爬坡……然后练习爬树……最后练习滑翔，以免……浪费我这一身的……羽毛。"原始祖鸟抢先解释。

"不好意思，我想问问，你是我昨天碰见的那……那位原始祖鸟吗？"跳跳龙带着笑问。

"喔，你是……跟我说……龙生龙，鸟生鸟的……那个笨蛋中华龙鸟吧。"原始祖鸟喘着粗气说。

"嘿嘿，"跳跳龙尴尬地说，"你知道恐龙是怎样演化成鸟的吗？"

"你想告诉我恐龙不可能一下子就变成鸟是吧？"原始祖鸟也反问了一句后，接着又问，"那你知道鸟类的祖先是恐龙，并且一定是长羽毛的恐龙吗？"

"要是飞不了，长多少羽毛都没用！"跳跳龙立即反驳。

"我相信我的羽毛不是白长的，我也不能让它们白长！等着吧，等我哪天飞起来了，看你们这些不思进取的长毛龙还敢不敢笑话我，说什么做你的大头梦！"原始祖鸟激动起来。

"明白！一旦你飞起来，那你的名气可就大了，我敢说，就算你变成石头，也会被认出来的！"跳跳龙调侃道。

"唉——"原始祖鸟长叹了一口气，开始数落起来，"像你们这样安于现状，一辈子也不可能飞上天空，将来你们的后代还要为你们的懒惰付出沉重的代价，一辈子都得呆在地上，比那些木头桩子强不了多少！"

原始祖鸟说完，又使劲向斜坡上冲去，但很快就滚回来了。

跳跳龙摇摇头，招呼两个孩子离开。

走了没多久，看到一只中国鸟龙一瘸一拐地走着。中国鸟龙体型比中华龙鸟稍大，皮肤表面也长着丝状衍生物。

"嘿，中国鸟龙，你怎么了？"跳跳龙问。

"唉——昨天被一只羽王龙追杀，我拼命爬到树上，那只羽王龙实在等不了就走了，我见他走远了，便往下跳……"中国鸟龙激动得一时语塞。

"我知道你会滑翔。"跳跳龙插嘴，见中国鸟龙摇头，忙问，"怎么了？你有恐高症……还是……被树枝挡了？"

"唉！我当时太高兴了，忘了扇翅膀了，直挺挺地跌了下来！唉！我还没反应过来，脚就已经着地了！"中国鸟龙一脸往事不堪回首的痛苦表情。

"兄弟，你应该庆幸是脚先着了地，如果换了脑袋着地，就算不死，也变成植物鸟了……"

三十　做贼的爬兽

一阵嚷嚷声打断了跳跳龙的话。

"究竟是谁呀？刚才还在这里，我转了个身就不见了，不知是哪个家伙干的，真是气死了！"

一只体长约1米的巨爬兽在大呼小叫。

"发生什么事了？"跳跳龙问。

"我的食物不见了。"巨爬兽答道。

"你没吃？"跳跳龙问。

"没有！"巨爬兽语气肯定。

"也不知道在哪儿了？"跳跳龙见巨爬兽摇头，便说，"看样子可能是被偷了。"

"到底是谁这么胆大包天，竟敢偷走我的食物！"巨爬兽大声叫起来，见没谁应声，依然不肯罢休，不停地嚷嚷："到底是哪个该死的偷走了我的食物呀！"

一只体型比巨爬兽小的强壮爬兽站出来大声骂道："你自己就是个贼，还好意思抱怨有贼偷你的东西，真是受不了！"

"你干的？"巨爬兽问道。

"是又怎么样？"强壮爬兽反问。

"还好意思承认？"巨爬兽瞪大眼睛。

"你这种贼骂贼的行为就快让我疯了！"强壮爬兽声嘶力竭地吼了起来。

跳跳龙和两个孩子听了不禁大笑起来。

这时，一只华夏翼龙惊叫着"帝龙来了"从空中飞过，巨爬兽和强壮爬兽顾不上争吵，赶紧跑了。

"刚才忘了说，马上要来的帝龙是长毛的霸王龙，食肉的，我建议你们也赶紧找个地方躲躲。"中华龙鸟对两个孩子说完，立即撒腿跑了。

"干脆按119吧！"芊芊紧张地说。

"怕什么！先看看情况再说。"天天嘴上虽硬，手却不由自主地按下了"119"。

电话没人接。

"那个是不是帝龙？"芊芊看到一个1米多长，下颌和尾尖上长着一些短毛的恐龙走近。

帝龙见到两个孩子后，犹豫着是不是要冲过去，它眼神凌厉地盯着两个孩子，慢慢地踱着步，接着低吼一声，打算扑倒一个。

天天看到帝龙满嘴的尖牙，知道被咬一口后果不堪设想，急得大叫，"还是没人接！"

帝龙被天天的叫声怔得一愣，但它很快就冷静下来，发力向天天奔去。就在帝龙跳起来，扑向天天的一刹那，看到尖叫的猎物突然消失了。

三十一 小盗龙导游

转瞬间，天天和芊芊便到了一个新地方。惊魂未定的天天和芊芊平静下来后，发现这里景色更美不胜收，绿树林立，茂密的草丛中野花星星点点……

"要不要喷点隐形水？"芊芊晃晃手里的小瓶子。

"当然了！"天天赶紧说。

等芊芊也喷好隐形水了，两个人才放心地接着参观。

很快他们就看到一棵银杏树上歇着两只热河鸟。热河鸟体长大约70厘米，加上差不多有40厘米的尾巴，总长超过1米；头和鸡蛋差不多大，上下颌强有力，牙齿已经退化了。

天天戴上耳机，又把一个耳塞塞进芊芊的耳朵里，听到大些的热河鸟说话，"老弟，吃东西的时候要专心，不管有多少虫子来骚扰，咱们也绝不看它们一眼。"

"可是……"小些的热河鸟想争辩，却被打断了。

"不要可是了！"大些的热河鸟边用翼爪拨弄一片树叶边说，"记住，我的话都有道理，你只管按我说的去做，不要多问！"

"嗨，热河鸟，玩捉迷藏吗？"一个尾巴比身体长、全长近80厘米、长着四个翅膀的顾氏小盗龙从邻近的树上飞下来，大声问。

"好啊好啊！"小些的热河鸟高兴地答道。

"我们刚吃饱，剧烈运动肚子会疼的。"大些的热河鸟对顾氏小盗龙叫道。

"吃东西时要专心,吃饱后剧烈运动肚子会疼,那咱们还有什么时间能尽情地玩呢?"小些的热河鸟委屈地嚷嚷起来。

"不好啦,热河鸟吵架啦!热河鸟吵架啦!"顾氏小盗龙见状大喊。

"长毛恐龙,你捣什么乱呀!"大些的热河鸟冲顾氏小盗龙叫道。

"什么恐龙呀,我有四个翅膀,你敢说我不是鸟!"顾氏小盗龙翻翻白眼。

"嗨,亲戚亲戚!帮个忙!"一个赵氏小盗龙飞快地跑过来,冲顾氏小盗龙打招呼。

"要帮忙?找我?"顾氏小盗龙一副难以置信的样子。

"是啊是啊,急死了!把这个戴上。"赵氏小盗龙把脖子上的项圈拿下来戴到顾氏小盗龙脖子上,"待会儿有两个人要来参观,你先帮我顶会儿,我要赶紧去拉肚子。"

"谁？长得帅吗？是不是翅膀比我还多？"顾氏小盗龙一口气问道。

"一个翅膀也没有。"赵氏小盗龙转身就跑。

"哎，他们在哪儿？"顾氏小盗龙忙问。

"鬼知道在哪儿！"赵氏小盗龙头也不回地跑了。

"他们什么样呢？没翅膀，那就不是鸟，也不是翼龙，会不会是恐龙？"顾氏小盗龙纳闷地问两个热河鸟。

"管他呢，咱们还是先快活地玩吧！"小热河鸟说完，纵身从树上往下飞，刚好蹭到天天的头。

"天呀！我撞什么了，怎么看不见呢？我瞎了吗？"小热河鸟大声嚷嚷起来，"我看到树了，还有蓝天，明明没瞎呀！"

"你撞到我了！"天天已经现身了。

"我的天呀，你会隐形，好厉害哟！"顾氏小盗龙羡慕得要命，"对了，你是什么动物呀？是不是那什么……？"

"人类，我们想来这里看看长毛恐龙。"天天说明来意。

"那你可走错地方了，这里是鸟类的家园。你看我就是长四个翅膀的鸟！"顾氏小盗龙撒谎说。

"你不是小盗龙么？干吗要冒充鸟呢？"天天问。

"哎呀！我的确是长毛恐龙！"顾氏小盗龙做出一副滑稽相，"至于我为什么要做鸟，很简单，只要一提到恐龙，不管什么样儿，大家便会想，那是群粗鲁的下贱动物！可一旦变成鸟，身份高贵了，就完全是另一码事了，连说粗话都会被夸成是文雅的粗话。你说，谁不愿意做鸟呀？对了，我带你们去湖边，你可以见识一下那儿的鸟有多多了。"

"同去同去！"小热河鸟激动地带头跑，却又一头撞到了芊芊身上。

"哎哟！"小热河鸟疼得大叫，见到芊芊后，龇牙咧嘴地叫道，"天呀！怎么还有一个隐形的！到底有多少呀，真要崩溃了！"

"就我们俩。"芊芊赶紧说。

"天呀！我也太倒霉了，就你们俩，竟然都给我撞上了！"小热河鸟大叫着瘫倒在地上。

"别矫情了，赶紧走吧。"顾氏小盗龙催小热河鸟。

"什么矫情，我严重受伤，去不了了。"

"那我们走吧。"顾氏小盗龙领着两个孩子离开。

"偏要唱反调，这下吃苦头了吧。"树上的大热河鸟笑话道。

三十二 迷路的准噶尔翼龙

离开热河鸟后,天天想要顾氏小盗龙介绍介绍情况,却发现这个顶替的导游知道的没有刚才的中华龙鸟那么多。

"你认识中华龙鸟吗?"芊芊问。

"什么鸟?没听说过。"顾氏小盗龙连连摇头。

"实际上它和你一样也是一种长毛恐龙。"天天解释。

"中华……鸟,有个鸟名,那家伙要想冒充鸟的话,估计比我容易多了。"顾氏小盗龙低头念叨。

"没你容易,中华龙鸟没有翅膀,只是身上有些短毛,不过它可是最著名的长毛恐龙。"芊芊说。

"最著名?要有6个翅膀还差不多!你肯定搞错了,我不信还有比我们小盗龙更出名的长毛恐龙!"顾氏小盗龙很不服气。

"嗨,你好啊!"突然,身旁的树上传出声音——来自一只体长近1米,头大而狭长且头顶有一个冠状脊的准噶尔翼龙。

"谁?"顾氏小盗龙并未看到树上的准噶尔翼龙。

"别紧张,咱们可是亲戚!"准噶尔翼龙说完便从树上飞起,在空中旋圈,展开的两翼宽有2米多。

"不要再转了,绕得我都要晕了!"顾氏小盗龙大声抗议。

"真的?"准噶尔翼龙乐得张大嘴。

"嘿,你怎么没有门牙?不会是笑掉的吧?"顾氏小盗龙惊叫。

"当然不是!"准噶尔翼龙飞回到树上,"我可以负责任地告诉你，我的牙既没有自己主动掉过，也没有被虫蛀掉过，更没有被我不小心撞掉过……"

"那是打架打掉的？"顾氏小盗龙用厌恶的眼光看着准噶尔翼龙，"原来你还是个爱打架的家伙！"

"打架可不好，弄得不好就会头破血流、皮开肉绽，最惨的就是把牙打掉了。"没等准噶尔翼龙解释，顾氏小盗龙就以滔滔不绝之势教训起来，"要知道皮破了还能长好，牙掉了，肚皮就要跟着受苦，所以我认为大家应当注意保护牙齿……"

"嘿嘿嘿！停住！停住！谁说我打架了！"准噶尔翼龙急得吼了起来，"我们天生没有门牙，牙都长在两边。就靠它们撑着这张脸呢，哪能打架打掉呀！哈哈！"

"对了，我迷路了，你是带项圈的导游，一定知道我该回到哪里，请你帮个忙吧。"准噶尔翼龙好不容易才忍住笑，正色说。

"对不起，我只是暂时顶班，实在不知道怎么帮你。"顾氏小盗龙说。

"那真导游呢？"准噶尔翼龙问。

"拉肚子了，不过真是抱歉，他没告诉我在哪里拉。"顾氏小盗龙答道。

"哎呀，那可惨了，就算我看到真导游，他不戴项圈我也认不出来呀！完了完了，回不了家了！"准噶尔翼龙又失望又着急。

三十三 "不讲理"的辽宁翼龙

这时,一只翼展约5米的辽宁翼龙飞过,以为准噶尔翼龙被欺负了,便绕了个弯回头帮自己的同类。

"以多欺少?想打架?告诉你们,谁敢欺负我的同类,我跟你们没完!"辽宁翼龙边绕着两个孩子和顾氏小盗龙盘旋边气势汹汹地叫道。

"老兄,你误会了!"准噶尔翼龙赶紧向辽宁翼龙解释事情的来龙去脉。

"既然你戴项圈,你就得负责把真导游找到!"辽宁翼龙口气

强硬。

"哎呀，你讲不讲道理呀！我助龙为乐，反倒给自己惹麻烦了，以后我可再也不敢多事了！"顾氏小盗龙叫起来。

"你和谁住在一起？"辽宁翼龙问准噶尔翼龙。

"我的同类准噶尔翼龙呀，还有……乌尔禾龙邻居。"准噶尔翼龙答道。

"都不认识，怎么办呢？"辽宁翼龙犯难地说。

"这样吧，我先帮你找找真导游。"顾氏小盗龙说。

"你可以坐到我背上，我带你飞行。"辽宁翼龙挥动翼膜，盘旋而下，歇到顾氏小盗龙跟前。

"哇，太好了！"顾氏小盗龙眼珠一转道，"不过你满嘴的牙齿真让我毛骨悚然。"

"怕什么呀，我吃的是浑身光溜溜的鱼，不是你这样毛茸茸的龙！"辽宁翼龙不以为然地说。

"还有，千万不要跟那些没头脑的傻瓜似的，以为名字后有个'龙'字就是恐龙！呵呵——"顾氏小盗龙笑着爬到辽宁翼龙背上。

辽宁翼龙挥动翼膜要飞起来，顾氏小盗龙忙指着前方对两个孩子说，"你们朝这个方向一直走，很快就可以到湖边了。"

天天和芊芊按顾氏小盗龙指的方向不紧不慢地向湖边走去，一路上见到的动物们多在悠然自得地做着自己的事，有的还热情地冲两个孩子打招呼，一点都不紧张。

三十四　鸟之歌舞

一只波罗赤鸟寻寻觅觅地飞着，一会儿停在这棵树上，一会儿又落到那棵树上，当它发现天天和芊芊后，便扑扇着翅膀飞过来，最后落在两个孩子身旁。

"你们是来参观的人类吧？我是临时来给你们做导游的。"波罗赤鸟高兴地说，"现在，我要带你们去湖边参观。"

波罗赤鸟先飞到一棵树上落下来，等两个孩子走近了再接着往前飞……有一次歇到树上后，它又唱起了歌儿。

很快，天天和芊芊发现地上有两只很漂亮的长得像鸟的动物，其中尾巴长的那一只正在跳舞，便停下来观望。

"这两……是龙还是鸟？"天天谨慎地问。

"孔子鸟，雄鸟正在追求雌鸟呢。"波罗赤鸟干脆地答道。

"哪只是雄？哪只是雌？"天天又问。

"长尾巴的那只是雄的，要知道一般长得好看的都是雄鸟，要不然怎么能找到老婆呢！"波罗赤鸟说完嘻嘻笑了。

因为尾巴长，拖来拖去的，雄孔子鸟似乎跳得有些费劲。

波罗赤鸟看着着急，便跑过去支招儿，"嗨，继续努力！"

雄孔子鸟更卖力地跳着舞，因为没有伴儿，看起来形单影只。

"如果有点音乐伴奏，感觉肯定会更好些，可惜我……"波罗赤鸟顿了一下说，"刚才唱得太累了，嗓子还没缓过劲儿来。"

"这还不简单！"天天打开音乐播放器，试了几首曲子，最后挑选了一首欢快的民乐。

天天将耳机拔掉,音乐便放声出来。

雄孔子鸟听到音乐后往两个孩子这边看了看,然后按照音乐的节奏跳了起来。雌孔子鸟看了会儿,终于按捺不住跟着翩翩起舞,很快便和雄孔子鸟转到了一起……

"哇,太精彩了!"波罗赤鸟瞪大眼睛激动地说。

等一首曲子放完了,两只孔子鸟仍然沉醉在自己的舞蹈中。

"再来一遍!再来一遍!"波罗赤鸟着急地叫道。

天天赶紧重播那首曲子。这次,一直在观望的波罗赤鸟也憋不住了,开始跟着音乐的节奏,或在枝头踮一下脚,或旋转飞舞。

三十五 世上最小的翼龙

"太美了，照几张照片多好！"芊芊说。

天天赶紧用手机给孔子鸟们照了一张，接着又给波罗赤鸟照。

"哎呀！"波罗赤鸟吓了一跳，"你们干吗呢！"

"照相呀，给你看看。"天天把手机屏幕上的数码照片给波罗赤鸟看。

"怎么把我照得跟魔鬼一样？"波罗赤鸟看着自己的照片，先还只是微笑着，可不一会儿，它的嘴就越咧越大，最后哈哈大笑起来，"刚才群魔乱舞没照下来，真是太可惜了！"

波罗赤鸟把天天和芊芊领到一个大湖边。湖水湛蓝且清澈，映着岸边树木和草丛的倒影。湖面上有很多鸟、翼龙和昆虫飞来飞去，看起来令人眼花缭乱……

两只中国翼龙相对而飞，眼看就要撞上了，它们不约而同地一个往高处一个往低处飞，擦身而过，赢得周围动物们的高声喝彩。

波罗赤鸟赶紧飞到一棵银杏树最低的枝头上，招呼两个孩子站到树下。

天天发现在那棵银杏树下可以看清湖面的状况，而波罗赤鸟正好就在他们的头顶处，心想这鸟导游还挺会选地方的。

"这里真美！"芊芊叹道。

"是啊，来点音乐吧。"波罗赤鸟叫道。

于是天天打开音乐播放器，选播了一些轻音乐。

很快，芊芊有了新发现，"天天，你看到没，这里的鸟嘴里都长着牙，翅膀上还有爪子，和我们平常见到的鸟不一样哎！"

"孔子鸟嘴里就没牙。"比波罗赤鸟高些的银杏树叶中探出一个大眼长嘴的小脑袋，一只眼睛被银杏树叶挡住了。

"森林翼龙！"波罗赤鸟装出恶狠狠的样子，使得原本就凶的样貌看着更凶了，"搞得跟独眼海盗似的，啥意思？告诉你，我什么都没有，有也不会给你！"

两个孩子正要向森林翼龙问话，一只顾氏小盗龙气喘吁吁地奔过来，脖子上还戴着项圈。

"嗨，你们好！"顾氏小盗龙朝两个孩子打招呼。

"你是刚才那位……"天天问。

"对，那个准噶尔翼龙已经在回家的路上了。因为我做好事，所以真导游答应再把项圈借我戴一会儿！"顾氏小盗龙开心地说。

"太好了，顶班的来了，我要干自己的事去了。"波罗赤鸟开心地振翅往湖面上飞去。

"这音乐真好，要是能边欣赏美景边听，那该多惬意呀！对了，站得高，才能望得远呢！"顾氏小盗龙边说边往银杏树上爬，正好一只朝阳翼龙飞来歇脚，惊得森林翼龙飞起来。

"森林翼龙，你这个皮包骨头的小瘦鬼，就知道躲在树上偷懒！"顾氏小盗龙叫道。

森林翼龙咧嘴冲顾氏小盗龙做了个鬼脸，落到波罗赤鸟原来站的树枝上，两个孩子看到这只翼龙的大小和麻雀差不多，看起来很可爱。

"哎呀，好小巧可爱哦！"芊芊叹道。

"当然了，我们森林翼龙是世界上最小的树栖翼龙。"森林翼龙说。

芊芊发现它嘴里没有牙齿。

森林翼龙仿佛看出了芊芊的心思，说道，"我们吃昆虫，不需要牙齿。"

三十六 造假？

"刚才是不是我把你吓着了？要不要道歉？"朝阳翼龙落到森林翼龙旁边，问道。

森林翼龙犹豫了一下，什么也没说。

"这样吧，我做首诗给你压压惊。"朝阳翼龙张开长嘴，富有感情地念道，"小小花儿，清晨绽放，散发芬芳……"

"哎呀！你真有才呀！应该拿这首诗参加才能赛。"顾氏小盗龙打断朝阳翼龙。

这时，一只赵氏小盗龙走了过来，顾氏小盗龙便冲它叫道，"亲戚，你打算在才能赛上表演什么？"

"表演啥呀？飞行我折腾不起来，赛跑比不过腿长的，跳舞笨手拙脚，更没有作诗的才情！"赵氏小盗龙没劲地撇撇嘴，"还是老老实实地做观众好了，唉——"

"要不你和我一起唱歌，怎么样？"顾氏小盗龙问。

"我唱歌呕哑嘲哳难为听。"赵氏小盗龙不好意思地做了个鬼脸，然后才好奇地问顾氏小盗龙，"你要唱歌吗？"

"我当然唱得也不咋地，不过……"顾氏小盗龙眼珠一转，立刻笑逐颜开地问，"我的人类朋友，你能在我表演时替我弄段音乐吗，那样我肯定能得冠军！"

"那不是造假吗？"赵氏小盗龙吃惊地问。

"没关系的，只要我们不说，没有谁能发现我们在造假。"顾氏小盗龙说。

"哟，我还以为就我们人类有造假的坏习气呢。"天天一拍脑袋，"哎呀！说到造假，我想到一个关于小盗龙和燕鸟的故事。"

"是古盗鸟的事吗？"赵氏小盗龙问。

"你知道？"天天边点头边吃惊地问。

"我是导游呀！"赵氏小盗龙答道。

"快告诉我，那什么盗头鸟是怎么回事？"顾氏小盗龙着急地问。

"简单点说，就是有人用燕鸟身体的化石和我们赵氏小盗龙身体的化石拼凑成'古盗鸟'化石，欺骗了大家……"赵氏小盗龙解释。

"什么，还有这种事，太荒唐了！"顾氏小盗龙惊奇地叫道。

"对了，我想看看燕鸟是什么样子，这里有吗？"芊芊问。

"有啊，那些吃鱼的鸟就是。"顾氏小盗龙抢着答道。

天天看到湖面上有只长翼鸟正在捕鱼，便问，"那个长翅膀的是不是燕鸟？"

"不是，那是长翼鸟，燕鸟站在湖滩上，就是长得丑丑的那几个。"顾氏小盗龙介绍说。

"嗨，你骂谁呢！"一只小燕鸟冲顾氏小盗龙叫道。

"专心捕鱼！干吗要听一个爱冒充鸟类的疯龙的话呢！"一旁的燕鸟妈妈教训道，"现在咱们来比赛捕鱼吧。"

"好了，把项圈给我吧。"赵氏小盗龙说。

顾氏小盗龙把项圈拿下来，给赵氏小盗龙套上后如释重负地说，"还是你戴着宽松，我戴着勒得慌！"

"为什么这里的动物们见到我们一点都不怕，也不好奇？"天天问。

"你们是动物，又不是怪物，有什么可怕的呢？"赵氏小盗龙反问道。

三十七 火山爆发？

"火山！火山！"

突然，有动物惊叫。

天天一看，湖对面的山顶果然有火山喷发。

"火山爆发了，赶紧跑！"尽管天天叫的声音很高，但还是被动物们如潮的欢呼声淹没了，看呆了的芊芊没听清。

天天只好一把拉住芊芊，撒腿便跑。

"假的！假的！那是实景模拟！"赵氏小盗龙边追边着急地叫道，可惜它的声音也被欢呼声淹没了。

眼看无法追上两个孩子了，赵氏小盗龙无奈地放慢脚步。那只做临时导游的波罗赤鸟突然冲出来，奋力疾飞，追上两个孩子。

欢呼声渐渐小了。

"别紧张！那是……假的！"波罗赤鸟落到两个孩子前面，喘了口气说，"是你们人类……来搞的，叫……实景模拟。"

"噢——"天天长舒了口气，回头看了看火山，不好意思地笑着对芊芊说，"我吓坏了！"

"我也是。"芊芊说，"忘了可以打电话求救。"

"你知道，我们热河生物群中的生物就是因为火山喷发遭受了一次又一次灭顶之灾，但也是因为火山灰的掩埋才保存成完美的化石，这就叫败也火山，成也火山！"波罗赤鸟解释。

三十八 龙口逃生

这时,手机铃声突然响了。天天立即接,是贾爷爷。

"怎么样,看得过瘾吗?"

"嗯!"天天边答应边不由地使劲点头。

"再过一小时就要下班了,你们是在那里继续,还是换个地方?"贾爷爷问。

"还有什么好看的?"天天问。

"那可多了,比如蛇颈龙和沧龙,霸王龙……"

"换吧换吧,这些我都想看。"天天干脆地说完,挂上电话。

于是,还没来得及和赶过来的两个小盗龙挥手告别,天天和芊芊就被换到了另一个地方。

这次,两个孩子来到了大海边。

"怎么看呀?"天天耸耸肩,无奈地看看芊芊。

"我也不知道,要不……咦,那是什么?"芊芊突然吃惊地叫起来。

近岸处的水面正冒出一个圆圆的东西,很快整个"头"和"身体"都露了出来……最后,两个孩子发现,向他俩走近的是一个外形像《星球大战》中R2的机器人,不过块头要比R2大很多。

"你们好,我是白垩纪海生动物保护区的解说员L2。"机器人自我介绍说。

因为惊讶和害怕,天天和芊芊都没有答话。

"你们这次参观的解说和安全都由我负责,请你们不用担心。"L2接着说。

"我不会游泳!"天天斗起胆说。

"没关系,你们在我的腹舱中参观。"L2说话时,腹部打开,可以看到里面有两个小椅子。

"哎,我豁出去了。"天天凑到芊芊耳边轻轻说。

"Me too!"芊芊笑了。

两个孩子立即登上L2的腹舱,在椅子上坐好。L2关上门后,两个孩子发现从内往外看,L2的腹部是透明的。

L2快速走入水中,到一定深度后伸出身体底部的涡轮,在水中潜行了一会儿后说,"你们将看到沧龙家族的代表海王龙和上龙家

族最后的代表短颈龙。看，短颈龙！"

L2的两只眼睛——探照灯突然亮了起来，孩子们透过玻璃看到一个体型臃肿的短脖子庞然大物正不紧不慢地划着桨状的四肢悠悠前行。

"这只短颈龙全长约11米，块头不小，但头部只有1.5米左右。"L2边介绍边从短颈龙的身后急速靠近它。短颈龙突然发现L2，挥动粗壮的尾巴去扫L2，L2急忙闪开，短颈龙恶狠狠地张开上下颌布满尖刀状利齿的大嘴巴吼了一声，面目狰狞，两个孩子紧张得屏住呼吸。

L2并不招惹短颈龙，而是关上"眼睛"全速驶离。

黑暗中，突然出现许多舞动的条带。

"大王鱿鱼。"L2打开"眼睛"。

大王鱿鱼被L2的"眼睛"吓了一跳，但它立即镇定下来，挥舞着触手，摆出一副决斗的架势。见L2没反应，立即气势汹汹地冲过来用触手去缠L2的头。

L2叽里咕噜地说了一句话，大王鱿鱼顿时停下来，L2又叽里咕噜地说了一句，大王鱿鱼立即放开L2，快速游走了。

"你刚才说什么？"芊芊好奇地问。

"不知道，我只是想试试能不能用声波把它吓跑。"L2边回答边关"眼睛"。

"我还以为你会乌贼的语言呢!"天天说完,不禁和芊芊一起笑起来。

潜行了一会儿后,L2突然说,"我探测到了一只海王龙,还有一只海龟,看哪个?还是……都看?"

"都看!"天天和芊芊异口同声地答道。

L2的"眼睛"再次亮了,两束光分别射向一只海王龙的头部和一只海龟。海王龙正张大嘴巴冲向海龟,突然出现的亮光使它忍不住转头,而海龟却趁机翻身溜了。

海王龙没逮到海龟,愤怒地张嘴扑向L2,L2赶紧往水面上游,就在L2游出水面时,海王龙跃出水面,张开大嘴咬住L2,L2躲闪不及,只得在海王龙闭嘴时加速转身,横卡在海王龙的上下颌间。

海王龙上颌恐怖的巨齿正好压在L2腹部的玻璃上,天天和芊芊都害怕得感觉自己的心要跳出来了。

"别担心,这玻璃是抗压防弹的,不过我体内的氧气可能不够……"L2庆幸完后,发现不对。

"那怎么办呢!"芊芊急得大叫。

"别紧张,我来想想……"L2伸出机械手臂,快速转动机械手臂前端的齿轮并伸向海王龙的牙齿。

海王龙剧烈地抖动了一下身体，将L2吐了出去。等L2稳住身体，海水也慢慢静下来，两个孩子才看清这只海王龙的体长和短颈龙差不多，不过由于体形比短颈龙苗条，看起来更修长一些，虽然鳍又长又大，却主要靠左右摇摆身体，借助尾巴摆动的方式游泳……

"我的身体部件好像出了问题，需要检修，你们赶紧去另外的空间吧。"L2说。

天天赶紧拿出手机，正要拨号，却突然冲出海面，旋风般地来到了一片开阔的草原。

三十九 汽车解说员

"还是高科技更刺激!"天天叹道。

"你是……跟魔法比吗?"芊芊问。

这时,一辆银色的小汽车快速驶来,在两个孩子面前停下,嗡声说道,"欢迎来到霸王龙公园,我是这里的解说员大卫。"

两个孩子仔细地看了看汽车,然后吃惊地彼此对视。

车里面没人!

"我是汽车机器人。两位,请上车吧!"

汽车车门打开,天天和芊芊赶紧坐了上去。

汽车大卫边慢慢行驶着边问,"以前见过霸王龙吗?"

"见过,不过……是在电影里。"天天答。

"是《侏罗纪公园》吗?"汽车大卫问。

"还有《冰河世纪3》。"天天补充。

"这电影的影响力真是不得了啊!"汽车大卫叹道,"你们知道吗?第一具霸王龙化石是1902年美国国家历史博物馆的巴纳姆·布朗在蒙大拿州发现的,最早的研究者认为霸王龙以笔直的步态站立。1970年科学家们提出直立的步态并不正确,因为这种姿态将导致脱臼,或数个关节的松脱,没有任何现生动物能够维持这种姿态,可大众多数还受直立步态的影响。直到90年代《侏罗纪公园》上映后,人们才普遍知道正确的霸王龙步态。"

"霸王龙的身体和地面是平行的,尾巴举着是为了平衡头部的重量。"天天赶紧把自己知道的都抖出来。

"快看，那儿有一群恐龙！"芹芹指着她那侧的窗外惊叫。

"霸王龙吗？"天天赶紧趴过去看。

"是冠龙。"汽车大卫打开车窗，"虽然没霸王龙的名气大，但在鸭嘴龙家族里是最著名的，有兴趣下来看看吗？"

天天想到时间可能不多了，便说，"算了吧，鸭嘴龙没啥新鲜的，我妈博物馆里的青岛龙和山东龙都属于鸭嘴龙类。"

"看来你知道的还不少呢！"汽车大卫说，"前面有群甲龙。"

这群甲龙大多身长近10米，身高约1米，身宽差不多2米，正用四肢在草丛中缓慢爬行。因为甲龙的个头并不高，后肢又比前肢

长，头的位置更低，藏在草丛中并不显眼。

到了离甲龙群不远时，汽车大卫放慢车速，好让天天和芊芊凑在车窗口仔细看。尽管有草丛遮挡，但由于距离比较近，天天和芊芊可以看到甲龙头上有对角；背部和身体两侧覆盖着厚厚的骨质甲片，甲片上脊突密布；臀部上方至尾巴的大部分竖立着尖如匕首的棘刺，身体两侧也各有一排尖刺；尾巴末端还有一个尾锤。

见来了辆车，不少甲龙都停下来，好奇而又警惕地抬头张望。

"嗨，你们好啊！"天天趴在车窗上跟甲龙大声打招呼，然后问道，"大卫，甲龙就是坦克龙吧？"

"对，你们就在车里看看。甲龙虽然也是植食龙，但身上的武器不少，挺危险的。"汽车大卫边说边关上车窗。

四十 与霸王龙赛跑

突然,从不远处传来一阵可怕的吼声,地面开始有节奏地抖动,而且越来越剧烈。甲龙群出现骚乱,它们开始四散奔逃。

"是不是地震了?"芊芊惊慌地问。

"霸王龙来了!"汽车大卫答道。

很快,一只霸王龙出现在两个孩子的视野中。

这只霸王龙身长约13米,身高近6米,脑袋很大,尾巴长度和体长差不多,向末端变得细尖。它猛地扑住一只块头较小的甲龙,开始抓咬,其他甲龙忙着四处逃窜。

"孩子们,我们来点刺激的,与霸王龙赛赛跑怎么样?"汽车大卫问。

"好啊好啊!"天天激动得大叫。芊芊想反对,犹豫了一下还是没开口。

汽车大卫连响两声喇叭,霸王龙抬眼瞟了一下,继续试图用满嘴刺刀状的利齿撕破小甲龙。

汽车大卫又用喇叭长鸣。

这次,霸王龙注意到是在向它挑衅,它松开小甲龙,谨慎地向汽车走来。尽管霸王龙的步子迈得并不快,但因为腿长,身体移动的速度挺快,一会儿就来到汽车跟前。

霸王龙将身体横挡在汽车前,转过脑袋低头冲着汽车张开血盆大口发出一声吼叫,满嘴大小不一的由牙尖到基部都有斜旋锯齿的

牙齿全部显露出来，天天和芊芊看见后都紧张得不得了。

汽车大卫加速从霸王龙的尾巴下冲出去。霸王龙回过神后，费了好一会儿功夫才转向追汽车。

汽车大卫将车速控制到霸王龙刚好追不上，让它跟着汽车发足狂奔。

"怎么样，够刺激吧？"汽车大卫正得意地问着，前方的草丛突然冒出一只甲龙。

"啊！"天天和芊芊吓得尖叫，就在车子快撞到甲龙时，突然飞了起来，刚好从甲龙身上飞过。

"哇噻！"天天回头，从后窗看到甲龙呆立在原地，而霸王龙则放慢脚步，无奈地仰着头朝着空中汽车怒吼……

"酷毙了！"天天激动得大叫，和芊芊趴到车窗上，看空中汽车投在地面上的小影子跟着移动。

四十一 与风神翼龙赛飞

"快到翼龙区了，咱们去会会风神翼龙吧。"汽车大卫建议道，"不过要见到风神翼龙并不容易，因为它们会四处乱飞。"

"风神翼龙？是最大的翼龙吧？到底有多大呢？"天天问。

"应该说是迄今发现的最大的翼龙，"汽车大卫强调说，"成年翼龙两翼的宽度大约15米，和一些战斗机差不多。哎呀，我犯了个错误，应该先带你们参观恐鳄的，前面就是恐鳄区。"汽车大卫说。

"为什么要先参观恐鳄区呢？"芊芊问。

"因为根据化石所产出的地层记录，恐鳄的生存时代要比霸王龙和甲龙、冠龙早，灭绝的时间又比风神翼龙早，把它们放入同一个保护区，是为了节约成本。"

"恐鳄就是霸王鳄吗？"天天问，"霸王鳄光头部就有一人多长，我还在一张图片上看到霸王鳄吃恐龙！"

"恐鳄不是霸王鳄……有风神翼龙！"汽车大卫突然叫道。

话间，有几只风神翼龙往空中汽车这边飞来，并很快就到了车的上方。

"孩子们，咱们干脆疯狂一次，再和翼龙来个飞行比赛怎么样？"汽车大卫问。

"好哎！好哎！"

两个孩子都忘了他们所剩的参观时间已经不多了，连声赞成。

汽车大卫立即调转方向追赶已经飞过去的风神翼龙。它一会儿飞到风神翼龙的上方，一会儿飞到风神翼龙的下方，超过翼龙群后又等它们追。

"喔嚯嚯！喔嚯嚯！太刺激了！"天天激动万分。

风神翼龙们意识到空中汽车的挑衅，立即奋力飞起来，但阵势却很快就乱了。

突然间一声惨烈的长鸣发出——一只翼龙的翼膜碰到了汽车右侧的电动旋翼，汽车摇摇坠坠……

"我们得降落！"汽车大卫说完，急速下降，"糟了！咱们落到恐鳄的嘴边上了。"

"幸好恐鳄不是霸王鳄，否则咱们就惨了。"天天安慰芊芊说。

"刚才没来得及告诉你们，恐鳄才是鳄鱼中的巨无霸，比霸王鳄还要大和可怕！"汽车大卫说，"现在我们的车前就有两只。"

"啊！我这边车旁也有个超大鳄鱼！"芊芊紧张得叫起来。

"我这边也有一个，咱们赶紧离开这儿吧。可是大卫……"天天为难地说，"我不知道能不能带你走。"

"没关系，我发信号求救了，你们先离开这儿好了。"汽车大卫说。

天天伸手去摸裤兜，"芊芊，手机是不是在你那儿？"

"没有啊！你就没给我！"芊芊瞪着空空的两手，"你刚才把它放哪儿了？"

"我记得上车时还拿在手上，但现在却不见了！"天天焦急万分。

"啊！"

一只恐鳄扑到汽车大卫的前玻璃上，车身剧烈地抖动了一下。接着又是刺耳的破裂声，汽车大卫浑身抖动起来，只见那个恐鳄的牙插入车前的玻璃内。

"看见了！看见了！手机在你的脚垫上！"芊芊大叫。

天天赶紧把手机捡起来，刚要拨号，车前的玻璃突然全部碎裂，前面的那只恐鳄恶狠狠地将长满利齿的长吻伸入车内。

"啊——"